U-Werte alter Bauteile

Arbeitsunterlagen zur Rationalisierung
wärmeschutztechnischer Berechnungen bei der Modernisierung

Institut für Bauforschung e. V. Hannover

Bearbeiter:

Dipl.-Ing. Heike Böhmer

cand. ing. Frank Güsewelle

Fraunhofer IRB Verlag

Druck:
Satz- und Druckcenter des Fraunhofer-Informationszentrums Raum und Bau IRB, Stuttgart

Für den Druck des Buches wurde chlor- und säurefreies Papier verwendet.

Dieses Werk ist einschließlich aller seiner Teile urheberrechtlich geschützt. Jede Verwertung, die über die engen Grenzen des Urheberrechtsgesetzes hinausgeht, ist ohne schriftliche Zustimmung des Verlages unzulässig und strafbar. Dies gilt insbesondere für Vervielfältigungen, Übersetzungen, Mikroverfilmungen sowie die Speicherung in elektronischen Systemen.

Die Wiedergabe von Warenbezeichnungen und Handelsnamen in diesem Buch berechtigt nicht zu der Annahme, dass solche Bezeichnungen im Sinne der Warenzeichen- und Markenschutz-Gesetzgebung als frei zu betrachten wären und deshalb von jedermann benutzt werden dürften.

Soweit in diesem Werk direkt oder indirekt auf Gesetze, Vorschriften oder Richtlinien (z.B. DIN, VDI) Bezug genommen oder aus ihnen zitiert worden ist, kann der Verlag keine Gewähr für Richtigkeit, Vollständigkeit oder Aktualität übernehmen.

© Fraunhofer IRB Verlag, 2005, ISBN 3-8167-6442-8, ISBN 3-89644-229-5
Fraunhofer-Informationszentrum Raum und Bau IRB
Postfach 800469, D-70504 Stuttgart
Nobelstraße 12, D-70569 Stuttgart
Telefon (0711) 970-2500
Telefax (0711) 970-2508
E-Mail irb@irb.fraunhofer.de
URL www.irbbuch.de

U-Werte von Bauteilen
Arbeitsunterlagen zur Rationalisierung wärmeschutztechnischer Berechnungen bei der Modernisierung von Altbauten

Auftraggeber: RKW
Rationalisierungs- und Innovationszentrum
der Deutschen Wirtschaft e.V.
Düsseldorfer Straße 40
65760 Eschborn

F 818 / November 2003

Auftragnehmer: Institut für Bauforschung e. V.
An der Markuskirche 1
30163 Hannover
Leitung: Prof. Dr.-Ing. Martin Pfeiffer, Direktor

Bearbeitung:
1. Fassung: Dipl.-Ing. Wilfried Zapke
Horst Ebert
2. Fassung: Dipl.-Ing. Heike Böhmer
Dipl.-Ing. Hans-Peter Hilpert
cand.ing. Torsten Keiser
Überarbeitung: Dipl.-Ing. Heike Böhmer
cand.arch. Frank Güsewelle

Inhalt

1	**Einleitung**	**4**
2	**Grundlagen des Wärmeschutzes**	**7**
2.1	DIN 4108	7
2.2	Wärmeschutzverordnung (WSchV)	8
2.3	Energieeinsparverordnung (EnEV)	9
2.4	Berechnung des Wärmedurchgangskoeffizienten	15
3	Problempunkte bei der Verbesserung des Wärmeschutzes	18
4	Bauteilkatalog	

    Vorbemerkungen
    Abschnitt A: Außenwände
    Abschnitt B: Dächer
    Abschnitt C: Decken

Literaturverzeichnis

Normen und Richtlinien

1 Einleitung

Zahlreiche der gegenwärtigen Umweltprobleme sind ein Ergebnis des Energieverbrauchs in Industrie und Verkehr sowie im Haushalt. Dabei wird die Umwelt sekundär durch die Verbraucher belastet, primär durch die technischen Prozesse, die mit Energiegewinnung, -transport und -umwandlung zusammenhängen. Bei einer Vielzahl dieser technischen Prozesse werden Emissionen freigesetzt.

Emissionen (Beispiele)	
Luftschadstoffe	Schwefeldioxid SO_2 Kohlenmonoxid CO Stickoxide NO, NO_2 Stäube
Treibhausgase	Kohlendioxid CO_2 Methan CH_4 Ozon O_3 FCKW
ozonschädigende Gase	Halone FCKW

Abb. 1: Emissionen technischer Prozesse

Im Mittelpunkt der derzeitigen Diskussion steht vor allem Kohlendioxid (CO_2), ein Gas, das z.B. bei der Verbrennung fossiler Energieträger freigesetzt wird. Kohlendioxid ist – chemisch gesehen – ein harmloses Gas und auf der Erde sogar lebensnotwendig, da durch seine Anwesenheit in der Erdatmosphäre ein natürlicher Treibhauseffekt entsteht, der die durchschnittliche Temperatur auf der Erde bei ca. 15 °C anstatt bei ca. – 15 °C hält.

Als problematisch muss jedoch das Kohlendioxid bezeichnet werden, das als Folge der Verbrennung von Kohle, Öl und Gas zusätzlich entsteht. Es erhöht den Gehalt von derzeit ca. 0,04 % Kohlendioxid in der Erdatmosphäre und bewirkt einen zusätzlichen Treibhauseffekt, der unerwünschte Klimaveränderungen hervorrufen kann. Weltweit werden jährlich mehr als 22 Milliarden Tonnen Kohlendioxid freigesetzt, davon etwa 871 Millionen Tonnen in Deutschland (Stand 2001). Ca. 30% der Emissionen sind dem Gebäudebereich zuzuordnen.

Die Beheizung von Wohngebäuden verursacht dabei den mit Abstand größten Energieverbrauch in privaten Haushalten. Demnach muss der möglichst vollständigen Ausnutzung der bereitgestellten Energie und der Vermeidung von Wärmeverlusten sowie Emissionen erhöhte Aufmerksamkeit geschenkt werden.

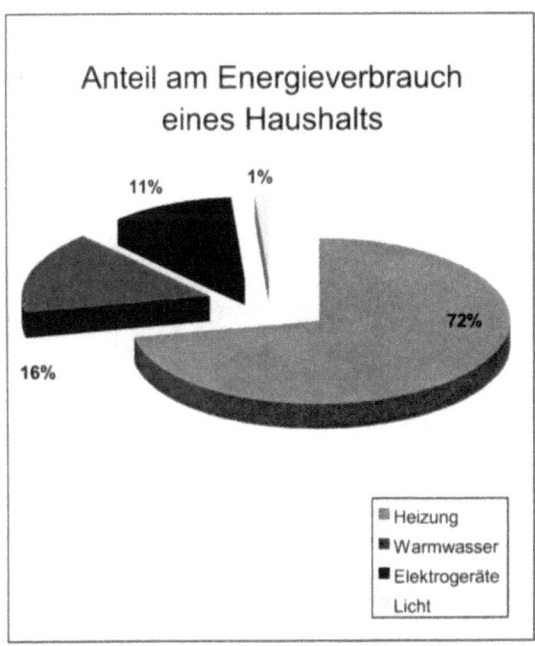

Abb. 2: Durchschnittliche Anteile am Energieverbrauch eines Haushalts in Wohngebäuden

Bei der Planung und Errichtung von Neubauten gehören Maßnahmen zur Reduzierung des Energieverbrauchs zum Stand der Technik und zum bau- und anlagentechnischen Standard. Werden diese Rahmenbedingungen frühzeitig in die Planung und konstruktive Ausführung eingebunden, sind sie einfach und kostengünstig durchzuführen.

Jedes Jahr wird im Wohnungsbau jedoch nur ca. 1 % des Gebäudebestandes in Deutschland neu gebaut. Der überwiegende Anteil der Wohngebäude mit ca. 37 Mio. Wohnungen weist einen Heizwärmeverbrauch von mehr als 150 kWh/(m²a), zum Teil sogar mehr als 400 kWh/(m²a) auf und verursacht hierdurch CO_2-Emissionen, die um ein Vielfaches über denen der Neubauten liegen. Zum Vergleich: Ein nach derzeitigem Stand der Technik geplantes und errichtetes Niedrigenergiehaus hat im Durchschnitt einen Heizwärmebedarf von ca. 30–70 kWh/(m²a).

Vor dem Hintergrund der notwendigen Energieeinsparung und Kohlendioxid-Minderung hat die Bundesregierung im Jahr 1990 das anspruchsvolle Ziel vorgegeben, bis zum Jahr 2005 die Kohlendioxidemissionen um 25 % zu senken. Ausgehend von 1000 Mio. Tonnen CO_2 im Jahr 1990 bedeutet das, die CO_2-Emissionen auf 750 Mio. Tonnen zu senken. Maßnahmen zur Energieeinsparung bei Gebäuden im Bestand sind dafür eine wesentliche Grundlage. Das technische Reduktionspotenzial im Bestand wird mit ca. 70-80%, das erschließbare wirtschaftliche Reduktionspotenzial mit 50-60% eingeschätzt.

Im Gebäudebestand sind, vor allem wegen des meist unzureichenden wärmetechnischen Standards, bereits mit relativ geringem Aufwand hohe energetische Einsparungen zu erreichen und auch finanziell realisierbar, vor allem, wenn ohnehin notwendige Erneuerungsarbeiten (Instandhaltung, Modernisierung, Sanierung, Bauteilersatz) mit Maßnahmen zur Energieeinsparung kombiniert werden. Insofern ist es notwendig, Maßnahmen der Modernisierung und des nachträglichen Wärmeschutzes sowie die Verbesserung der Anlagentechnik insgesamt zu planen, aufeinander abzustimmen und gemeinsam bzw. in aufeinanderfolgenden Schritten im Gebäudebestand zu realisieren.

2 Grundlagen des Wärmeschutzes
2.1 Normen

Aus Gesundheits- und Hygienegründen entstand um 1920 der Begriff "Mindestwärmeschutz" und wurde 1952 in der DIN 4108 "Wärmeschutz im Hochbau" festgeschrieben.

Die Norm orientierte sich an den damals üblichen Wanddicken und legte Mindest-Wärmedurchlasswiderstände 1/. für drei verschiedene Wärmedämmgebiete fest. 1/. beschreibt den Widerstand, den ein bestimmter Baustoff der Wärme beim Durchgang durch ein Bauteil entgegensetzt. Der Wärmedurchlasswiderstand für das Wärmedämmgebiet I (nord- und westdeutsche Gebiete mit milden Wintern) entsprach z.B. etwa einer 30 cm dicken Wand aus Vollziegeln, mit der Folge entsprechend niedriger Temperaturen auf den inneren Wandoberflächen.

Mit der Wärmeschutzverordnung wurden auf der Grundlage des „Gesetzes zur Einsparung von Energie in Gebäuden" (Energieeinspargesetz, 1976) im Jahr 1977 zusätzlich Vorschriften erlassen, die eine wirtschaftlich sinnvolle Beschränkung des Energieverbrauchs forderten. Da hierin jedoch nur mittlere Wärmedurchgangskoeffizienten (k-Werte) festgeschrieben waren, galt weiterhin die DIN 4108 von 1952.

Im Jahr 1981 wurde die DIN 4108 "Wärmeschutz im Hochbau" daraufhin erstmals neu bearbeitet. Von 1996 bis 2001 traten wiederum überarbeitete bzw. neu erarbeitete Teile in Kraft. Die geltenden Normenteile sind der Abbildung 3 zu entnehmen.

Die DIN 4108 regelt weiterhin den Mindestwärmeschutz. Hinsichtlich des energiesparenden Wärmeschutzes wird zusätzlich auf die geltende Energieeinsparverordnung sowie auf die damit zusammenhängenden deutschen bzw. europäischen Normen verwiesen.

DIN 4108 „Wärmeschutz im Hochbau" bzw. „Wärmeschutz und Energie-Einsparung in Gebäuden"		
Teil	Ausgabedatum	Inhalt
4108 Beiblatt 1	1982-04	Inhaltsverzeichnisse; Stichwortverzeichnis
4108 Beiblatt 2	1998-08	Wärmebrücken (in Vorbereitung: Ausgabe 2004-01)
4108-1	1981-08	Größen und Einheiten
4108-2	2003-07	Mindestanforderungen an den Wärmeschutz
4108-3 Berichtigung 1	2002-04	Klimabedingter Feuchteschutz
V 4108-4	2002-002	Wärme- u. feuchteschutztechnische Bemessungswerte
V 4108-6	2003-06	Berechnung des Jahresheizwärme- und des Jahresheizenergiebedarfs
4108-7	2001-08	Luftdichtheit von Gebäuden
V 4108-10	2002-02	Werkmäßig hergestellte Wärmedämmstoffe

Abb. 3: Geltende Teile der Norm DIN 4108 (Stand November 2003)

2.2 Wärmeschutzverordnung (WSchV)

Die 1. Wärmeschutzverordnung aus dem Jahr 1977 wurde 1982 novelliert und enthielt neben den Anforderungen an den Wärmeschutz neu zu errichtender Gebäude erstmals Anforderungen an einen erhöhten Wärmeschutz bei baulichen Veränderungen an bestehenden Gebäuden. Die 2. Wärmeschutzverordnung trat 1984 in Kraft und galt bis einschließlich 1994.

Die Nachweisverfahren der 3. Wärmeschutzverordnung galten von 1995 bis einschließlich 2001 für neu zu errichtende Gebäude bzw. Erweiterungen an bestehenden Gebäuden. Dabei wurden erstmals nicht mehr abstrakte Größen (Wärmedurchgangskoeffizienten) begrenzt, sondern auch Forderungen an den maximalen Jahres-Heizwärmebedarf von Gebäuden gestellt

Der Nachweis zur Erfüllung der Anforderungen der 3. Wärmeschutzverordnung hatte wärmeschutztechnische Mindestanforderungen zum Ergebnis, die durch den Planer schnell zu bewerten und umzusetzen waren. Er erhielt somit im Vergleich zu der Methode der Wärmeschutzverordnung von 1984 größere Gestaltungsfreiheit und mehr Möglichkeiten in der Wahl der einzusetzenden Mittel.

Der Wärmeschutznachweis enthielt neben der Begrenzung der Transmissionswärmeverluste die Berücksichtigung der

Lüftungswärmeverluste,
solaren Wärmegewinne und
internen Wärmegewinne.

Nicht berücksichtigt wurden jedoch:

Wärmebrückeneffekte,
Luftundichtheiten,
spezielles Nutzerverhalten,
Heizungsart, -betriebsweise,
Einfluss der Wärmespeicherfähigkeiten sowie
regional unterschiedliche Klimabedingungen.

In der Entschließung des Bundesrates und der Begründung der Bundesregierung zur Novelle der Wärmeschutzverordnung 1995 wurde die Absicht erklärt, mit einer erneuten Novelle das Anforderungsniveau nochmals zu verschärfen.

2.3 Energieeinsparverordnung (EnEV)

Mit der Einführung der Energieeinsparverordnung sollte der Energiebedarf von Gebäuden erneut um durchschnittlich 30 % gesenkt und damit auch der CO_2-Ausstoß nochmals reduziert werden. Grundlage der Verordnung ist wie bei den Wärmeschutzverordnungen das „Gesetz zur Einsparung von Energie in Gebäuden", das sogenannte „Energieeinspargesetz", das im Jahr 1976 aufgrund der ersten Ölpreiskrise zwischen 1972 und 1974 erlassen wurde.

Die Ziele der EnEV sind:

Verschärfung der energetischen Anforderungen an Gebäude,
Schaffung von mehr Transparenz für Verbraucher,

bessere Ausnutzung der Möglichkeiten im Gebäudebestand,

Förderung innovativer Anlagentechnik und

Abgleich der deutschen mit den EU-Regelungen.

Die EnEV fasst die Wärmeschutz- und die Heizungsanlagenverordnung zusammen und ermöglicht durch das geänderte Bilanzierungsschema eine ganzheitliche Betrachtung der Wärmeverluste und -gewinne von Gebäudehülle und Anlagentechnik. Grundlage sind die geänderten Bilanzgrenzen:

Betrachtet wird jetzt, wie viel Energie dem Haus von außen zugeführt werden muss, damit der Jahres-Heizwärmebedarf und die Warmwasserbereitung gedeckt werden, d.h., die Bilanzgrenzen erstrecken sich bis zur Übergabe der Energie an das Gebäude.

Alle wesentlichen Parameter, wie die Energieverluste bei der Wärmeerzeugung, -bereitstellung und -verteilung für Raumheizung und Brauchwassererwärmung werden erfasst. (Zum Vergleich: In der Wärmeschutzverordnung wurde ermittelt, welcher Wärmebedarf für die Beheizung besteht, d.h., die Bilanzgrenzen waren die Gebäudekanten, Anlagentechnik und Warmwasserbereitung blieben unberücksichtigt.)

Die sogenannte Endenergie als alleiniges Bewertungskriterium der Energieeinsparverordnung hätte jedoch eine umweltschutztechnische und wirtschaftliche Ungleichbehandlungen zur Folge, da einige Energieumwandlungsprozesse bereits außerhalb der betrachteten Gebäude stattfinden (z.B. Strom, Fernwärme). Deshalb werden als neue Anforderungen der „bezogene Jahres-Primärenergiebedarf" und der „spezifische, auf die wärmeübertragende Umfassungsfläche bezogene Transmissionswärmeverlust" begrenzt.

Somit wird sichergestellt, dass unterschiedliche Vorketten bei der Energieumwandlung und Hilfsenergiebedarfe der Anlagentechnik hinreichend berücksichtigt werden (Jahres-Primärenergiebedarf) und das Niveau des baulichen Wärmeschutzes nach der WSchV bei Einbau primärenergetisch günstiger Heiz- und Warmwasserversorgungssysteme nicht unterschritten wird.

Grundlage der Rechenverfahren zur Energieeinsparverordnung sind die neuen deutschen und europäischen Normen:

Der Jahres-Primärenergiebedarf Q_P ist nach DIN EN 832:2003-06 in Verbindung mit DIN 4108-6: 2003-06 und DIN V 4701-10: 2003-08 zu ermitteln.

Der spezifische Transmissionswärmeverlust H_T ist nach DIN EN 832:2003-06 mit den in DIN 4108-6: 2003-06, Anhang D genannten Randbedingungen zu berechnen.

Die Anforderungen gelten i.d.R. für neu zu errichtende Gebäude mit normalen bzw. niedrigen Innentemperaturen einschließlich ihrer Heizungs-, raumlufttechnischen und zur Warmwasserbereitung dienenden Anlagen. Für bestehende Gebäude und Anlagen sind diese Vorschriften in dieser Form nur anzuwenden, wenn nach § 8 (3) eine Erweiterung des beheizten Gebäudevolumens um zusammenhängend mind. 30 m³ erfolgt und gelten nur für den neuen Gebäudeteil. Für andere bauliche Änderungen gelten gesonderte Grenzwerte. Die prinzipiellen Anforderungen sind der schematischen Darstellung in Abb. 4 zu entnehmen.

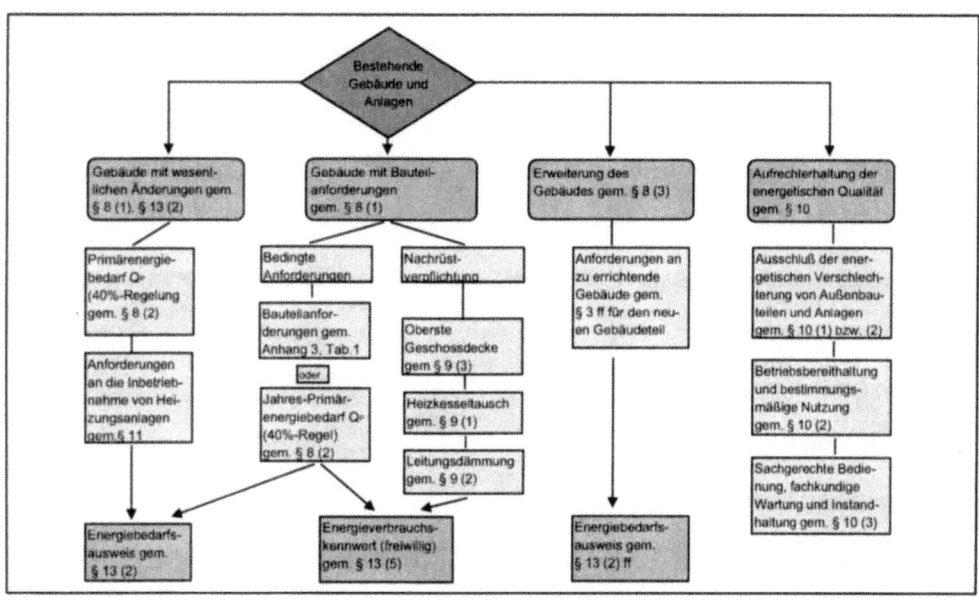

Abb. 4: Anforderungen der EnEV

Die häufigsten Änderungen an bestehenden Gebäuden sind erfahrungsgemäß die Instandhaltung und Modernisierung von einzelnen oder mehreren Außenbauteilen, die perspektivisch mit der energetischen Sanierung kombiniert werden sollten und müssen. Dem Stand der Technik entsprechend sind umfangreiche Sanierungsmethoden in die Anforderungen der EnEV einbezogen worden. Werden bei beheizten Gebäuden die nachfolgend beschriebenen Änderungen (EnEV, Anhang 3, Nr.1-5) vorgenommen und betreffen mehr als 20% der Bauteilfläche, dürfen die im Anhang 3, Tabelle 1 (Abb. 5) festgelegten Wärmedurchgangskoeffizienten U_{max} der betroffenen Außenbauteile nicht überschritten werden:

Außenwände

(Ersatz, Einbau, Erneuerung, z.B. durch das Anbringen von Bekleidungen, Verschalungen, Vorsatzschalen, Dämmschichten, Außenputz, Ausfachungen),

Fenster, Fenstertüren, Dachflächenfenster

(Ersatz, Einbau, Erneuerung durch Einbau von Vor- oder Innenfenstern, Ersatz der Verglasung; separate Anforderungen für Sonderverglasungen),

Außentüren

Decken (oberste Geschossdecken), Steildächer, Flachdächer

(Ersatz oder Neuaufbau der Dachhaut oder außenseitige Bekleidung / Verschalung, Aufbringen oder Erneuern innenseitiger Bekleidungen / Verschalungen, Einbau von Dämmschichten, Einbau zusätzlicher Bekleidungen oder Dämmschichten an Wänden zum unbeheizten Dachraum),

Wände und Decken gegen unbeheizte Räume und gegen Erdreich

(Anbringen oder Erneuern von Bekleidungen, Verschalungen, Feuchtigkeitssperren, Drainagen, Fußbodenaufbauten, Deckenbekleidungen, Dämmschichten),

Vorhangfassaden

(Ersatz oder erstmaliger Einbau des gesamten Bauteils oder Ersatz der Füllung -Verglasung oder Paneele).

Die Anforderungen an U_{max} gelten ebenfalls als erfüllt, wenn das Gebäude mit seinen Änderungen die jeweiligen Anforderungen an neu zu errichtende Gebäude um maximal 40% überschreitet (sog. 40%-Regel). Hierfür sind die erforderlichen Berechnungen für neu zu errichtende Gebäude durchzuführen, mit denen ein Energiebedarfsausweis erstellt werden kann.

Bei wesentlichen Änderungen am Gebäude ist gemäß §13 (2) ein Energiebedarfsausweis auszustellen, sofern mit den wesentlichen Änderungen die erforderlichen Berechnungen gemäß § 13 (1) durchgeführt wurden. Wesentliche Änderungen liegen vor, wenn innerhalb eines Jahres mindestens 3 der beschriebenen Änderungen (EnEV, Anhang 3, Nr.1-5) in Verbindung mit dem Austausch eines Heizkessels oder der Umstellung der Heizungsanlage auf einen anderen Energieträger durchgeführt oder das beheizte Gebäudevolumen um mehr als 50% erweitert wurden.

Zeile	Bauteil	Maßnahme nach	Gebäude nach § 1 Abs. 1 Nr. 1	Gebäude nach § 1 Abs. 1 Nr. 2
			maximaler Wärmedurchgangskoeffizient U_{max} [1] in W / (m²·K)	
	1	2	3	4
1 a)	Außenwände	allgemein	0,45	0,75
b)		Nr. 1 b), d) und e)	0,35	0,75
2 a)	Außenliegende Fenster, Fenstertüren, Dachflächenfenster	Nr. 2 a) und b)	1,7 [2]	2,8 [2]
b)	Verglasungen	Nr. 2 c)	1,5 [3]	keine Anforderung
c)	Vorhangfassaden	allgemein	1,9 [4]	3,0 [4]
3 a)	Außenliegende Fenster, Fenstertüren, Dachflächenfenster mit Sonderverglasungen	Nr. 2 a) und b)	2,0 [2]	2,8 [2]
b)	Sonderverglasungen	Nr. 2 c)	1,6 [3]	keine Anforderung
c)	Vorhangfassaden mit Sonderverglasungen	Nr. 6 Satz 2	2,3 [4]	3,0 [4]
4 a)	Decken, Dächer und Dachschrägen	Nr. 4.1	0,30	0,40
b)	Dächer	Nr. 4.2	0,25	0,40
5 a)	Decken und Wände gegen unbeheizte Räume oder Erdreich	Nr. 5 b) und e)	0,40	keine Anforderung
b)		Nr. 5 a), c), d) und f)	0,50	keine Anforderung

[1] Wärmedurchgangskoeffizient des Bauteils unter Berücksichtigung der neuen und der vorhandenen Bauteilschichten; für die Berechnung opaker Bauteile ist DIN EN ISO 6946 : 1996-11 zu verwenden.
[2] Wärmedurchgangskoeffizient des Fensters; er ist technischen Produkt-Spezifikationen zu entnehmen oder nach DIN EN ISO 10077-1 : 2000-11 zu ermitteln.
[3] Wärmedurchgangskoeffizient der Verglasung; er ist technischen Produkt-Spezifikationen zu entnehmen oder nach DIN EN 673 : 2000-1 zu ermitteln.
[4] Wärmedurchgangskoeffizient der Vorhangfassade; er ist nach anerkannten Regeln der Technik zu ermitteln.

Abb. 5: Anforderungen der EnEV, Anhang 3, Tabelle 1

Die Behörden der Länder können die Sanierung in diesen Fällen mit der Erstellung des Energiebedarfsausweises verknüpfen. In einem Energiebedarfsausweis sind gemäß § 13 (1) die wesentlichen Ergebnisse der nach dieser Verordnung erforderlichen Berechnungen, insbesondere die Werte

- des Transmissionswärmeverlusts,
- der Anlagenaufwandszahl der Anlagen für Heizung, Warmwasserbereitung und Lüftung,
- des Endenergiebedarfs nach einzelnen Energieträgern und
- des Jahres-Primärenergiebedarfs

zusammenzustellen. Einzelheiten zum Energiebedarfsausweis, insbesondere bezüglich der erleichterten Feststellung der Eigenschaften von Gebäudeteilen, die von der Änderung nicht betroffen sind, sind in einer Allgemeinen Verwaltungsvorschrift der Bundesregierung geregelt.

Gemäß § 13 (4) ist der Energiebedarfsausweis den nach Landesrecht zuständigen Behörden auf Verlangen vorzulegen und Käufern, Mietern und sonstigen Nutzungsberechtigten der Gebäude auf Anforderung zur Einsichtnahme zugänglich zu machen. Ist ein Energiebedarfsausweis nicht zu erstellen, können alternativ die wesentlichen Gebäude- und Nutzungsmerkmale mit dem Energieverbrauchskennwert mitgeteilt werden. Als Vergleichsmaßstab werden im Bundesanzeiger durchschnittliche Energieverbrauchswerte bekannt gemacht.

Weiterhin enthält die Energieeinsparverordnung in § 9 Nachrüstverpflichtungen (gemäß § 9 (4) bei kleinen Gebäuden nur bei Eigentümerwechsel):

Heizkessel, die vor dem 1.10.1978 eingebaut wurden, müssen bis 2006 bzw. bis 2008 ausgetauscht werden, sofern es sich nicht um Niedertemperatur- oder Brennwertkessel handelt -§ 9 (1).

Ungedämmte, zugängliche Wärmeverteilungs- und Warmwasserleitungen sowie Armaturen in nicht beheizten Räumen müssen bis 2005 gedämmt werden -§ 9 (2).

Nicht begehbare aber zugängliche oberste Geschossdecken beheizter Räume müssen bis 2005 gedämmt werden. Der U-Wert 0,3 W/m²K darf nicht überschritten werden -§ 9 (3).

Im § 10 wird zudem die Aufrechterhaltung der energetischen Qualität gefordert, d.h. Veränderungen an Außenbauteilen und der Anlagentechnik dürfen die energetische Qualität nicht verschlechtern bzw. müssen kompensiert werden. Die Anlagentechnik ist sachgerecht zu bedienen, fachkundig zu warten und instand zu halten.

2.4 Berechnung des Wärmedurchgangskoeffizienten

Die zentrale Berechnungsvorschrift der EnEV ist die DIN EN 832: 2003-06 „Wärmetechnisches Verhalten von Gebäuden – Berechnung des Heizenergiebedarfs – Wohngebäude". Die Norm regelt die wesentlichen Berechnungsansätze auf europäischer Basis. Für die Bundesrepublik Deutschland wurden die Anforderungen der DIN EN 832 in der Norm DIN V 4108 – 6: 2003-06 „Wärmeschutz und Energieeinsparung in Gebäuden – Berechnung des Jahresheizwärme- und des Jahresheizenergiebedarfs" national umgesetzt.

In den begleitenden Normen sind die entsprechenden Anweisungen und Algorithmen für die Berechnung von z.B. U-Werten festgelegt. Neben den neu hinzugefügten Normen wurden auch alte Normen überarbeitet und an den Stand der Technik angepasst.

Die markanteste Änderung hat der Wärmedurchgangskoeffizient erfahren. Bisher hieß dieser Wert *k-Wert*, von nun an wird er als *U-Wert* bezeichnet. In den bisherigen Nachweisen wurde der k-Wert im wesentlichen nach DIN 4108 – 5 „Wärmeschutz im Hochbau – Berechnungsverfahren „ berechnet.

Für die Ermittlung des U-Wertes werden drei Normen herangezogen, es wird zwischen:

Erdreichberührenden Bauteilen,

Transparenten Bauteilen, und

Bauteilen (Wände, Dächer)

unterschieden. Die Berechnungsmethoden weichen zum Teil erheblich von den bisherigen Verfahren ab. Die Ergebnisse sind so nur in Ausnahmen mit den bisher bekannten k-Werten vergleichbar.

Für die Berechnung erdreichberührender Bauteile werden in der DIN EN ISO 13370 in Verbindung mit der DIN V 4108 – 6 drei verschiedene Verfahren angeboten. Die Berechnung kann entweder mit Hilfe des monatlichen Wärmestroms, mit monatlichen Temperaturkorrekturfaktoren oder den Temperaturkorrekturfaktoren für die Heizperiodenbilanzierung erfolgen.

Da nach Europäischer Normung wesentlich mehr Randbedingungen in die Berechnung der Verluste über das Erdreich einfließen (Gebäudegeometrie, Dämmstandard, usw.) lassen sich allgemeine Aussagen über einen Vergleich von k- und U-Wert nicht treffen.

Bei der Berechnung der U-Werte für transparente Bauteile ergeben sich durch die Europäische Normung erhebliche Veränderungen im Vergleich zu der bisherigen Methode. Während die Berechnung der Wärmedurchgangskoeffizienten für die Verglasung kaum Änderungen aufweist, hat sich die Berechnung für die Rahmen grundlegend geändert. Die bisher bekannten Rahmenmaterialgruppen sind nicht mehr vorhanden, als Ersatz wird nun nach den verwendeten Materialien differenziert. Die Wärmebrücke zwischen Verglasung und Rahmen wird ebenfalls berücksichtigt.

Für ein Fenster mit den Abmessungen 1,23 m x 1,48 m und einem U-Wert der Verglasung von U_g = 1,3 W/(m²K) sowie einem Rahmen der Materialgruppe 1 können Unterschiede zwischen den Wärmedurchgangskoeffizienten des gesamten Fensters k_F und U_W gemäß der folgenden Tabelle auftreten:

Rahmenmaterial	k_F [W/(m²K)]	U_W [W/(m²K)]
Aluminium	1,4	1,7 – 1,8
Kunststoff	1,4	1,5 – 1,6
Holz	1,4	1,4 – 1,6

Abb. 6: Vergleich der k-Werte und U-Werte eines Fensters

Bei den übrigen Bauteilen ergeben sich Änderungen bei der Berücksichtigung von Luftschichten und inhomogenen Dämmschichten (z.B. Holzständerwände, usw.). Beispiele: Bei der Berechnung des Wärmedurchgangskoeffizienten von Bauteilen zu unbeheizten Räumen (Wand zur Garage u.ä.) kann der unbeheizte Raum als Dämmschicht angesetzt werden. Bei einlagig eingebauten Dämmstoffen müssen unter bestimmten Randbedingungen Korrekturfaktoren angesetzt werden.

Insgesamt sind die Berechnungen für die Bearbeiter aufwändiger geworden und erfordern neben der Nutzung entsprechender PC-Programme eine breite Kenntnis der begleitenden Normen.

3   Problempunkte bei der Verbesserung des Wärmeschutzes

Die für die Ermittlung des Wärmeschutzes relevanten Bauteilabmessungen – Schichtdicken, Sparrenabstände, Gefachgrößen – streuen in gewissen Grenzen und erschweren die wärmeschutztechnische Beurteilung.

Deshalb:	Den Wärmedurchgangskoeffizienten als Näherungsgröße betrachten und die Berechnung „auf der sicheren Seite liegend" durchführen.
Beispiel:	Die Sparrenabstände innerhalb eines Daches ändern sich durch Auswechselungen für Öffnungen in der Dachfläche. Maßgebend ist der Regelabstand zwischen den Sparren, wobei die Sparren bei im Gefach angeordneter Wärmedämmung lediglich in Höhe der Dämmschicht mitgerechnet werden.

Die tatsächlich vorhandenen Stoffeigenschaften – Rohdichte, Feuchtegehalt – können durch Einbaufehler, unterschiedliche Beanspruchung und Alterungsprozesse nachteilig beeinflußt werden und sind nur mit relativ großem Aufwand zu bestimmen.

Schwere Baustoffe leiten Wärme besser als leichte. Das liegt daran, daß leichte Baustoffe einen größeren Porenanteil aufweisen und die Luft in diesen Poren die Wärme schlechter leitet als der Baustoff. Feuchte Baustoffe leiten Wärme besser als trockene. Da das Porenwasser die Wärme etwa 30mal besser leitet als ruhende Luft.

Deshalb:	Den Wärmedurchgangskoeffizienten durch Wahl "ungünstiger" Rohdichten bei Beachtung von Feuchtigkeitserscheinungen nach der sicheren Seite bemessen.
Beispiel:	Die Art der Ziegel einer Außenwand, nicht aber ihre Rohdichte sind bekannt. Es wird der nach DIN 4108-4 "Wärme- und feuchteschutztechnische Kennwerte" ungünstigste Rechenwert für die Wärmeleitfähigkeit in die Berechnung eingeführt.

Wärmeschutztechnische Verbesserungen sollten sich gleichmäßig auf alle wärmeübertragenden Bauteile von Gebäudehüllen erstrecken.

Partielle Verbesserungen – beispielsweise durchgeführt an einer Außenwand – verändern die Wärme- und Feuchtigkeitszustände in diesem Gebäudeteil derart, daß es zu einer Überbelastung der nicht geschützten Bereiche kommen kann.

Deshalb:	Bei Modernisierungsmaßnahmen umfassend die Gebäudehülle dämmen.
Beispiel:	Nach dem Einbau neuer Fenster ist es bei einer Vielzahl von Wohnungen zu Feuchtigkeitsschäden an den Außenwänden und im Anschlußbereich der Außenwände gekommen. Nachdem auch die Außenwände wärmeschutztechnisch verbessert worden sind (und die Nutzer auf die veränderten Bedingungen hingewiesen wurden und sich anpaßten), traten keine weiteren Schäden auf.

Wärmeschutz und klimabedingter Feuchtigkeitsschutz sind bauphysikalisch mehrfach miteinander verknüpft. Wird der Aufbau einschichtiger Bauteile verändert oder durch Hinzufügen zusätzlicher Schichten aus einem einschichtigen Bauteil ein Mehrschichtiges gemacht, darf nicht nur der Einfluß der einzelnen Schicht gesehen werden, sondern auch das Zusammenwirken aller Schichten und die evtl. Rückwirkungen einer Schicht auf eine oder mehrere andere Schichten.

Als Faustregel für eine einwandfreie Ausbildung in wärmeschutz- oder diffusionstechnischer Hinsicht kann gelten:

1. Der Wärmeschutz der einzelnen Bauteilschichten – beschrieben durch ihren Wärmedurchlaßwiderstand – soll von innen nach außen zunehmen.

2. Der Diffusionswiderstand der einzelnen Bauteilschichten – beschrieben durch die diffusionsäquivalente Luftschichtdicke $\propto \!\! ^* \! s$ – soll von innen nach

außen abnehmen. Richtwerte für die Größe α enthält DIN 4108-4 "Wärme- und feuchteschutztechnische Bemessungswerte".

Deshalb:	Bauteile stets in ihrer Gesamtheit planen und bemessen und die Ergebnisse ausführungstechnisch berücksichtigen. Rückwirkungen ergeben sich speziell durch feuchtigkeitssperrende und hochdämmende Schichten.
Beispiel:	Eine einschichtige Außenwand aus einem Leichtbaustoff, die mehrere Jahre schadenfrei gestanden hat, wird durch einen wasserdichten Außenanstrich "verbessert". Schon nach kurzer Zeit kommt es zu umfangreichen Feuchtigkeitsschäden in der Wand. Durch die äußere Schutzschicht, die als "Dampfsperre" wirkte, wurde die Wand diffusionstechnisch verschlechtert.

Nachträgliches Anbringen von Innendämmung erhöht zwar den Wärmeschutz des Bauteils im Normalquerschnitt, führt aber im Bereich der einbindenden Innenbauteile zur Ausbildung von Wärmebrücken in Gebäudehüllen.

Bei Innendämmung von Außenwänden kann der Bereich der Innenwände und der Geschoßdecken nur mit großem Aufwand und der Fensterbereich in manchen Fällen nicht geschützt werden. Die Folge sind lokal begrenzte, relativ niedrige Oberflächentemperaturen mit Taupunktunterschreitungen, die sich durch den Niederschlag von Tauwasser auf oder im Bauteil bemerkbar machen. Diese Feuchtigkeit wiederum fördert die Bildung von Stockflecken und den Wuchs von Schimmelpilzen.

Deshalb:	Innendämmung vermeiden, wenn nicht besondere Gründe, z. B. Denkmalschutz der Fassade, keine andere Wahl lassen.

Teilweise bzw. vollständige Erneuerung von Fenstern ist zumeist mit einer größeren Fugendichtheit verbunden. Somit vermindert sich der natürliche Luftwechsel durch die Fensterfugen erheblich.

Im Sinne einer Vermeidung unerwünschter Lüftungswärmeverluste ist dieser

Effekt zu begrüßen. Andererseits muß beachtet werden, daß aus Gründen der Hygiene, einer Begrenzung der relativen Luftfeuchte in den Räumen und gegebenenfalls einer ausreichenden Zufuhr von Verbrennungsluft für Heizungsanlagen bzw. Warmwasserbereiter ein ausreichender Luftwechsel gewährleistet sein muss.

Verringerter Luftwechsel führt zu einer Feuchtigkeitsanreicherung der Raumluft. Diese Feuchtigkeit kann sich auf Bauteilen niederschlagen, die geringe Oberflächentemperaturen aufweisen (z. B. die Fensterscheiben). Schäden aufgrund von Durchfeuchtungen in Bauteilen und auf Bauteiloberflächen sind oft die Folge.

Deshalb:	Lüftungsgewohnheiten den neuen Gegebenheiten anpassen. Durch Stoßlüftung, das ist das kurzfristige großflächige Öffnen von Fenstern, die einander gegenüberliegen, also das Herbeiführen von "Durchzug", in ausreichenden Abständen (ein- bis dreimal am Tag), kann ein ausreichender Luftaustausch sichergestellt werden.
Beispiel:	Alte Fenster haben Fugendurchlässigkeiten von a = 4 bis 6; neue Fenster können Durchlässigkeiten von a = 0,1 bis 1,0 aufweisen. Das bedeutet, daß bei neuen Fenstern die Dauerlüftung über Fensterfugen ganz erheblich eingeschränkt wird.

Verbesserungen des baulichen Wärmeschutzes haben direkte Auswirkungen für den Wohnungsnutzer. Verändertes Diffusionsverhalten und andere Ausnutzung der in Baukonstruktionen gespeicherten Wärme beeinflussen das Raumklima.

Deshalb:	Die Heizgewohnheiten müssen den veränderten bauphysikalischen Eigenschaften der gebäudeumschließenden Bauteile angepaßt und die gefährdeten Bereiche – Ecken, Winkel und Nischen, Bereiche hinter Schränken und Gardinen – auf Feuchtigkeitserscheinungen kontrolliert werden.
Regeln:	Räume nicht durch Kippstellung der Fenster lüften, sondern mehrmals täglich 10 bis 15 Minuten lang "Durchzug" machen. Heizkörperventile wäh-

rend des Lüftens schließen und gegebenenfalls mit einem Tuch bedecken.

Möbel an Außenwänden und Wänden zu nicht beheizten Bereichen mit einem Wandabstand von mindestens 5cm aufstellen, damit sich kein stehendes Luftpolster zwischen Möbelstück und Wandoberfläche bildet. Dichte Gardinen etwa 15 cm von der Wand entfernt anbringen.

Häufig wird vor dem Schlafengehen die Schlafzimmertür weit geöffnet, um die erwärmte Luft aus der übrigen Wohnung einströmen zu lassen. Die bereits relativ feuchte Luft kühlt sich ab, und die kalten Bauteiloberflächen beschlagen. Daher nicht oder nur wenig beheizte Räume nicht durch Zufuhr von warmer Luft aus anderen Räumen erwärmen.

Bauteilkatalog

Vorbemerkungen

Die nachfolgenden Datenblätter des Bauteilkatalogs sollen und können nicht alle in der Vergangenheit üblichen Bauarten der wärmeübertragenden Gebäudehüllfläche umfassen. Vielmehr wurde angestrebt, einen möglichst repräsentativen Querschnitt üblicher Konstruktionen darzustellen. Grundlage für die Ermittlung der U-Werte bildeten die Rechenwerte der DIN 4108 in der Fassung von 1995, 1981 oder früherer Fassungen, die Daten der Ursprungsfassung dieses Forschungsberichts sowie die bauphysikalischen Kenndaten nach F.Eichler (vgl. Literaturhinweise).

Die U-Werte wurden fast ausschließlich unter Zuhilfenahme des PC-Wärmeschutzprogrammes "Dämmwerk 6.0" der Fa. Kern Ingenieurkonzepte Andreas Kern, Berlin ermittelt. Sie haben den Charakter von Faustwerten, die auf der sicheren Seite liegen, da die Ausgangsparameter im Regelfall ungünstig gewählt wurden. Dies gilt insbesondere für die U-Werte von Bauteilen, die aus nebeneinanderliegenden Schichten mit unterschiedlichen Wärmedurchlaßwiderständen bestehen.

Die auf den Datenblättern vermerkten Referenzwerte sind der DIN 4108-2 bzw. der geltenden Energieeinsparverordnung entnommen und sollen verdeutlichen, wie die betreffenden Bauteile nach den geltenden Wärmeschutzanforderungen einzuordnen sind. In vielen Fällen wird der Mindestwärmeschutz nicht oder nur knapp erreicht. Bereits geringe zusätzliche Dämmaßnahmen reichen aus, um den Wärmeschutz deutlich zu verbessern. Die Beispiele für Verbesserungsmaßnahmen bei den Außenwänden verdeutlichen dies.

In jedem Fall sollte eine geplante wärmeschutztechnische Verbesserung auch hinsichtlich ihrer feuchtetechnischen Parameter berechnet werden, um Tauwasserprobleme auszuschließen. Bei modernen PC-Programmen, mit denen die Verbesserungen berechnet werden, erfolgt eine entsprechende Überprüfung in aller Regel automatisch.

ABSCHNITT A: AUSSENWÄNDE

1 Mauerwerk aus Vollziegeln (Reichsformat) Rohdichte 1800 kg/ m³
2 Mauerwerk aus Vollziegeln (DIN-Format) Rohdichte 1800 kg/ m³
3 Mauerwerk aus Hochlochziegeln, Rohdichte 1400 kg/ m³
4 Mauerwerk aus Hochlochziegeln, Rohdichte 1200 kg/ m³
5 Mauerwerk aus Leichtbeton-Vollsteinen, Rohdichte 1600 kg/ m³
6 Mauerwerk aus Leichtbeton-Vollsteinen, Rohdichte 1200 kg/ m³
7 Mauerwerk aus Leichtbeton-Vollsteinen, Rohdichte 800 kg/ m³
8 Mauerwerk aus Leichtbeton-Hohlblocksteinen, Rohdichte 1400 kg/ m³
9 Mauerwerk aus Leichtbeton-Hohlblocksteinen, Rohdichte 1000 kg/ m³
10 Mauerwerk aus Leichtbeton-Hohlblocksteinen, Rohdichte 1600 kg/ m³
11 Mauerwerk aus Kalksand-Vollsteinen (Reichsformat), Rohdichte 1800 kg/ m³
12 Mauerwerk aus Kalksand-Vollsteinen (DIN-Format), Rohdichte 1800 kg/ m³
13 Mauerwerk aus Kalksand-Lochsteinen, Rohdichte 1400 kg/ m³
14 Mauerwerk aus Natursteinen, Rohdichte 2800 kg/ m³
15 Mauerwerk aus Natursteinen, Rohdichte 2600 kg/ m³
16 Mauerwerk aus Natursteinen, Rohdichte 1600 kg/m³
17 Mauerwerk aus Hochlochziegeln mit einbindender Verblendung
18 Mauerwerk aus Vollziegeln mit einbindender Verblendung
19 Mauerwerk aus Vollziegeln mit Sparverblender
20 Mauerwerk aus Vollziegeln mit Spaltklinkern

21 Kiesbeton (d = 15 cm) mit Innendämmung
22 Kiesbeton (d = 25 cm) mit Innendämmung
23 Kiesbeton (d = 15 cm) mit Außendämmung
24 Kiesbeton (d = 25 cm) mit Außendämmung
25 Mauerwerk mit Außendämmung, Rohdichte 1600 kg/ m³
26 Kiesbeton (d = 15 cm) mit Manteldämmung

27 Mauerwerk aus Hochlochziegeln mit Luftschicht und Verblendung
28 Mauerwerk aus Vollziegeln mit Luftschicht und Verblendung
29 Mauerwerk aus Vollziegeln mit Schalenfuge und Verblendung
30 Mauerwerk aus Kalksand-Lochsteinen mit Schalenfuge und Verblendung
31 Mauerwerk aus Porenbeton-Blocksteinen, Rohdichte 800 kg/m³
32 Mauerwerk aus Porenbeton-Blocksteinen mit Luftschicht und Verblendung
33 Mauerwerk aus Kalksand-Lochsteinen mit Luftschicht und Verblendung (d=17,5 cm)
34 Mauerwerk aus Kalksand-Lochsteinen mit Luftschicht und Verblendung (d= 24,0 cm)
35 Mauerwerk aus Kalksand-Vollsteinen mit Luftschicht und Außenputz

36 Fachwerk mit Außenputz, Ausfachung Mauerziegel
37 Fachwerk, Ausfachung Strohlehm
38 Fachwerk mit Außenputz, Ausfachung Vollziegelmauerwerk
39 Fachwerk mit Außenputz, Ausfachung Bruchsteinmauerwerk
40 Fachwerk, Ausfachung Mauerziegel
41 Fachwerk mit Außenputz, Ausfachung Natursteinmauerwerk
42 Fachwerk mit Außenputz, Ausfachung Lehmziegel

Bauteil: Außenwand: Mauerwerk aus Vollziegeln (Reichsformat)
Baustoff: Vollziegel, Rohdichte ρ = 1800 kg/m³

Schicht Nr.	Bezeichnung	λ - Wert [W/(m*K)]	Schichtdicke [cm]		
1	Innenputz	0,70	1,5		
2	Mauerwerk	0,81	25,0	38,0	51,0
3	Außenputz	0,87	2,0		
Wärmedurchgangskoeffizient U [W/(m²*K)]			1,91	1,46	1,19
Referenzwert der EnEV U [W/(m²*K)]			0,35		

Verbesserung der Wärmedämmung durch 10 cm WDVS

Schicht Nr.	Bezeichnung	λ - Wert [W/(m*K)]	Schichtdicke [cm]		
1	Innenputz	0,70	1,5		
2	Mauerwerk	0,81	25,0	38,0	51,0
3	Außenputz	0,87	2,0		
4	PS -Hartschaum	0,04	10,0		
5	Mineralischer Putz	0,87	1,5		
Wärmedurchgangskoeffizient U [W/(m²*K)]			0,33	0,31	0,30
Referenzwert der EnEV U [W/(m²*K)]			0,35		

Verbesserung der Wärmedämmung durch 12 cm WDVS

Schicht Nr.	Bezeichnung	λ - Wert [W/(m*K)]	Schichtdicke [cm]		
1	Innenputz	0,70	1,5		
2	Mauerwerk	0,81	25,0	38,0	51,0
3	Außenputz	0,87	2,0		
4	PS -Hartschaum	0,04	12,0		
5	Mineralischer Putz	0,87	1,5		
Wärmedurchgangskoeffizient U [W/(m²*K)]			0,28	0,27	0,26
Referenzwert der EnEV U [W/(m²*K)]			0,35		

Bauteil: Außenwand: Mauerwerk aus Vollziegeln (DIN-Format)
Baustoff: Vollziegel, Rohdichte ρ = 1800 kg/m³

Schicht Nr.	Bezeichnung	λ - Wert [W/(m*K)]	Schichtdicke [cm]		
1	Innenputz	0,70	1,5		
2	Mauerwerk	0,81	24,0	30,0	36,5
3	Außenputz	0,87	2,0		
Wärmedurchgangskoeffizient U [W/(m²*K)]			1,96	1,71	1,50
Referenzwert der EnEV U [W/(m²*K)]			0,35		

Verbesserung der Wärmedämmung durch 10 cm WDVS

Schicht Nr.	Bezeichnung	λ - Wert [W/(m*K)]	Schichtdicke [cm]		
1	Innenputz	0,70	1,5		
2	Mauerwerk	0,81	24,0	30,0	36,5
3	Außenputz	0,87	2,0		
4	PS -Hartschaum	0,04	10,0		
5	Mineralischer Putz	0,87	1,5		
Wärmedurchgangskoeffizient U [W/(m²*K)]			0,33	0,32	0,31
Referenzwert der EnEV U [W/(m²*K)]			0,35		

Verbesserung der Wärmedämmung durch 12 cm WDVS

Schicht Nr.	Bezeichnung	λ - Wert [W/(m*K)]	Schichtdicke [cm]		
1	Innenputz	0,70	1,5		
2	Mauerwerk	0,81	24,0	30,0	36,5
3	Außenputz	0,87	2,0		
4	PS -Hartschaum	0,04	12,0		
5	Mineralischer Putz	0,87	1,5		
Wärmedurchgangskoeffizient U [W/(m²*K)]			0,28	0,28	0,27
Referenzwert der EnEV U [W/(m²*K)]			0,35		

Bauteil: Außenwand: Mauerwerk aus Hochlochziegeln
Baustoff: Hochlochziegel, Rohdichte ρ = 1400kg/m³

Schicht Nr.	Bezeichnung	λ - Wert [W/(m*K)]	Schichtdicke [cm]		
1	Innenputz	0,70	1,5		
2	Mauerwerk	0,58	24,0	30,0	36,5
3	Außenputz	0,87	2,0		
Wärmedurchgangskoeffizient U [W/(m²*K)]			1,59	1,37	1,19
Referenzwert der ENEV U [W/(m²*K)]			0,35		

Verbesserung der Wärmedämmung durch 10 cm WDVS

Schicht Nr.	Bezeichnung	λ - Wert [W/(m*K)]	Schichtdicke [cm]		
1	Innenputz	0,70	1,5		
2	Mauerwerk	0,58	24,0	30,0	36,5
3	Außenputz	0,87	2,0		
4	PS -Hartschaum	0,04	10,0		
5	Mineralischer Putz	0,87	1,5		
Wärmedurchgangskoeffizient U [W/(m²*K)]			0,32	0,31	0,30
Referenzwert der ENEV U [W/(m²*K)]			0,35		

Verbesserung der Wärmedämmung durch 12 cm WDVS

Schicht Nr.	Bezeichnung	λ - Wert [W/(m*K)]	Schichtdicke [cm]		
1	Innenputz	0,70	1,5		
2	Mauerwerk	0,58	24,0	30,0	36,5
3	Außenputz	0,87	2,0		
4	PS -Hartschaum	0,04	12		
5	Mineralischer Putz	0,87	1,5		
Wärmedurchgangskoeffizient U [W/(m²*K)]			0,27	0,27	0,26
Referenzwert der ENEV U [W/(m²*K)]			0,35		

Bauteil:	Außenwand: Mauerwerk aus Hochlochziegeln
Baustoff:	Hochlochziegel, Rohdichte ρ = 1200 kg/m³

4

Schicht Nr.	Bezeichnung	λ - Wert [W/(m*K)]	Schichtdicke [cm]		
1	Innenputz	0,70	1,5		
2	Mauerwerk	0,50	24,0	30,0	36,5
3	Außenputz	0,87	2,0		
Wärmedurchgangskoeffizient U [W/(m²*K)]			1,44	1,23	1,06
Referenzwert der ENEV U [W/(m²*K)]			0,35		

Verbesserung der Wärmedämmung durch 10 cm WDVS

Schicht Nr.	Bezeichnung	λ - Wert [W/(m*K)]	Schichtdicke [cm]		
1	Innenputz	0,70	1,5		
2	Mauerwerk	0,50	24,0	30,0	36,5
3	Außenputz	0,87	2,0		
4	PS -Hartschaum	0,04	10,0		
5	Mineralischer Putz	0,87	1,5		
Wärmedurchgangskoeffizient U [W/(m²*K)]			0,31	0,30	0,29
Referenzwert der ENEV U [W/(m²*K)]			0,35		

Verbesserung der Wärmedämmung durch 12 cm WDVS

Schicht Nr.	Bezeichnung	λ - Wert [W/(m*K)]	Schichtdicke [cm]		
1	Innenputz	0,70	1,5		
2	Mauerwerk	0,50	24,0	30,0	36,5
3	Außenputz	0,87	2,0		
4	PS -Hartschaum	0,04	12,0		
5	Mineralischer Putz	0,87	1,5		
Wärmedurchgangskoeffizient U [W/(m²*K)]			0,27	0,26	0,25
Referenzwert der ENEV U [W/(m²*K)]			0,35		

Bauteil: Außenwand: Mauerwerk aus Leichtbeton-Vollsteinen
Baustoff: Leichtbeton-Vollstein, Rohdichte ρ = 1600 kg/m³

5

Schicht Nr.	Bezeichnung	λ - Wert [W/(m*K)]	Schichtdicke [cm]		
1	Innenputz	0,70	1,5		
2	Mauerwerk	0,74	24,0	30,0	36,5
3	Außenputz	0,87	2,0		
Wärmedurchgangskoeffizient U [W/(m²*K)]			1,86	1,61	1,41
Referenzwert der EnEV U [W/(m²*K)]			0,35		

Verbesserung der Wärmedämmung durch 10 cm WDVS

Schicht Nr.	Bezeichnung	λ - Wert [W/(m*K)]	Schichtdicke [cm]		
1	Innenputz	0,70	1,5		
2	Mauerwerk	0,74	24,0	30,0	36,5
3	Außenputz	0,87	2,0		
4	PS -Hartschaum	0,04	10,0		
5	Mineralischer Putz	0,87	1,5		
Wärmedurchgangskoeffizient U [W/(m²*K)]			0,33	0,32	0,31
Referenzwert der EnEV U [W/(m²*K)]			0,35		

Verbesserung der Wärmedämmung durch 12 cm WDVS

Schicht Nr.	Bezeichnung	λ - Wert [W/(m*K)]	Schichtdicke [cm]		
1	Innenputz	0,70	1,5		
2	Mauerwerk	0,74	24,0	30,0	36,5
3	Außenputz	0,87	2,0		
4	PS -Hartschaum	0,04	12,0		
5	Mineralischer Putz	0,87	1,5		
Wärmedurchgangskoeffizient U [W/(m²*K)]			0,28	0,28	0,27
Referenzwert der EnEV U [W/(m²*K)]			0,35		

Bauteil: Außenwand: Mauerwerk aus Leichtbeton-Vollsteinen
Baustoff: Leichtbeton-Vollstein, Rohdichte ρ = 1200 kg/m³

Schicht Nr.	Bezeichnung	λ - Wert [W/(m*K)]	Schichtdicke [cm]		
1	Innenputz	0,70	1,5		
2	Mauerwerk	0,54	24,0	30,0	36,5
3	Außenputz	0,87	2,0		
Wärmedurchgangskoeffizient U [W/(m²*K)]			1,52	1,30	1,12
Referenzwert der EnEV U [W/(m²*K)]			0,35		

Verbesserung der Wärmedämmung durch 10 cm WDVS

Schicht Nr.	Bezeichnung	λ - Wert [W/(m*K)]	Schichtdicke [cm]		
1	Innenputz	0,70	1,5		
2	Mauerwerk	0,54	24,0	30,0	36,5
3	Außenputz	0,87	2,0		
4	PS -Hartschaum	0,04	10,0		
5	Mineralischer Putz	0,87	1,5		
Wärmedurchgangskoeffizient U [W/(m²*K)]			0,32	0,30	0,29
Referenzwert der EnEV U [W/(m²*K)]			0,35		

Verbesserung der Wärmedämmung durch 12 cm WDVS

Schicht Nr.	Bezeichnung	λ - Wert [W/(m*K)]	Schichtdicke [cm]		
1	Innenputz	0,70	1,5		
2	Mauerwerk	0,74	24,0	30,0	36,5
3	Außenputz	0,87	2,0		
4	PS -Hartschaum	0,04	12,0		
5	Mineralischer Putz	0,87	1,5		
Wärmedurchgangskoeffizient U [W/(m²*K)]			0,27	0,26	0,26
Referenzwert der EnEV U [W/(m²*K)]			0,35		

Bauteil: Außenwand: Mauerwerk aus Leichtbeton-Vollsteinen	7
Baustoff: Leichtbeton-Vollstein, Rohdichte ρ = 800 kg/m³	

Schicht Nr.	Bezeichnung	λ - Wert [W/(m*K)]	Schichtdicke [cm]		
1	Innenputz	0,70	1,5		
2	Mauerwerk	0,40	24,0	30,0	36,5
3	Außenputz	0,87	2,0		
Wärmedurchgangskoeffizient U [W/(m²*K)]			1,23	1,04	0,89
Referenzwert der EnEV U [W/(m²*K)]			0,35		

Verbesserung der Wärmedämmung durch 10cm WDVS

Schicht Nr.	Bezeichnung	λ - Wert [W/(m*K)]	Schichtdicke [cm]		
1	Innenputz	0,70	1,5		
2	Mauerwerk	0,54	24,0	30,0	36,5
3	Außenputz	0,87	2,0		
4	PS -Hartschaum	0,04	10,0		
5	Mineralischer Putz	0,87	1,5		
Wärmedurchgangskoeffizient U [W/(m²*K)]			0,30	0,29	0,27
Referenzwert der EnEV U [W/(m²*K)]			0,35		

Verbesserung der Wärmedämmung durch 12 cm WDVS

Schicht Nr.	Bezeichnung	λ - Wert [W/(m*K)]	Schichtdicke [cm]		
1	Innenputz	0,70	1,5		
2	Mauerwerk	0,74	24,0	30,0	36,5
3	Außenputz	0,87	2,0		
4	PS Hartschaum	0,04	12,0		
5	Mineralischer Putz	0,87	1,5		
Wärmedurchgangskoeffizient U [W/(m²*K)]			0,26	0,25	0,24
Referenzwert der EnEV U [W/(m²*K)]			0,35		

Bauteil: Außenwand: Mauerwerk aus Leichtbeton-Hohlblocksteinen	8
Baustoff: Leichtbeton-Hohlblockstein, Rohdichte ρ =1400 kg/m³	

Schicht Nr.	Bezeichnung	λ - Wert [W/(m*K)]	Schichtdicke [cm]	
1	Innenputz	0,70	1,5	
2	Mauerwerk	0,90	24,0	30,0
3	Außenputz	0,87	2,0	
Wärmedurchgangskoeffizient U [W/(m²*K)]			2,08	1,83
Referenzwert der EnEV U [W/(m²*K)]			0,35	

Verbesserung der Wärmedämmung durch 10 cm WDVS

Schicht Nr.	Bezeichnung	λ - Wert [W/(m*K)]	Schichtdicke [cm]	
1	Innenputz	0,70	1,5	
2	Mauerwerk	0,90	24,0	30,0
3	Außenputz	0,87	2,0	
4	PS Hartschaum	0,04	10,0	
5	Mineralischer Putz	0,87	1,5	
Wärmedurchgangskoeffizient U [W/(m²*K)]			0,33	0,33
Referenzwert der EnEV U [W/(m²*K)]			0,35	

Verbesserung der Wärmedämmung durch 12cm WDVS

Schicht Nr.	Bezeichnung	λ - Wert [W/(m*K)]	Schichtdicke [cm]	
1	Innenputz	0,70	1,5	
2	Mauerwerk	0,90	24,0	30,0
3	Außenputz	0,87	2,0	
4	PS Hartschaum	0,04	12,0	
5	Mineralischer Putz	0,87	1,5	
Wärmedurchgangskoeffizient U [W/(m²*K)]			0,29	0,28
Referenzwert der EnEV U [W/(m²*K)]			0,35	

Bauteil: Außenwand: Mauerwerk aus Leichtbeton-Hohlblocksteinen
Baustoff: Leichtbeton-Hohlblockstein, Rohdichte ρ =1000 kg/m³

Schicht Nr.	Bezeichnung	λ - Wert [W/(m*K)]	Schichtdicke [cm]	
1	Innenputz	0,70	1,5	
2	Mauerwerk	0,64	24,0	30,0
3	Außenputz	0,87	2,0	
Wärmedurchgangskoeffizient U [W/(m²*K)]			1,70	1,46
Referenzwert der EnEV U [W/(m²*K)]			0,35	

Verbesserung der Wärmedämmung durch 10 cm WDVS

Schicht Nr.	Bezeichnung	λ - Wert [W/(m*K)]	Schichtdicke [cm]	
1	Innenputz	0,70	1,5	
2	Mauerwerk	0,90	24,0	30,0
3	Außenputz	0,87	2,0	
4	PS -Hartschaum	0,04	10,0	
5	Mineralischer Putz	0,87	1,5	
Wärmedurchgangskoeffizient U [W/(m²*K)]			0,32	0,31
Referenzwert der EnEV U [W/(m²*K)]			0,35	

Verbesserung der Wärmedämmung durch 12 cm WDVS

Schicht Nr.	Bezeichnung	λ - Wert [W/(m*K)]	Schichtdicke [cm]	
1	Innenputz	0,70	1,5	
2	Mauerwerk	0,90	24,0	30,0
3	Außenputz	0,87	2,0	
4	PS -Hartschaum	0,04	12,0	
5	Mineralischer Putz	0,87	1,5	
Wärmedurchgangskoeffizient U [W/(m²*K)]			0,28	0,27
Referenzwert der EnEV U [W/(m²*K)]			0,35	

Bauteil: Außenwand: Mauerwerk aus Leichtbeton-Hohlblocksteinen
Baustoff: Leichtbeton-Hohlblockstein, Rohdichte ρ =1600 kg/m³

10

Schicht Nr.	Bezeichnung	λ - Wert [W/(m*K)]	Schichtdicke [cm]	
1	Innenputz	0,70	1,5	
2	Mauerwerk	0,48	24,0	30,0
3	Außenputz	0,87	2,0	
Wärmedurchgangskoeffizient U [W/(m²*K)]			1,40	1,19
Referenzwert der EnEV U [W/(m²*K)]			0,35	

Verbesserung der Wärmedämmung durch 10 cm WDVS

Schicht Nr.	Bezeichnung	λ - Wert [W/(m*K)]	Schichtdicke [cm]	
1	Innenputz	0,70	1,5	
2	Mauerwerk	0,90	24,0	30,0
3	Außenputz	0,87	2,0	
4	PS -Hartschaum	0,04	10	
5	Mineralischer Putz	0,87	1,5	
Wärmedurchgangskoeffizient U [W/(m²*K)]			0,31	0,30
Referenzwert der EnEV U [W/(m²*K)]			0,35	

Verbesserung der Wärmedämmung durch 12 cm WDVS

Schicht Nr.	Bezeichnung	λ - Wert [W/(m*K)]	Schichtdicke [cm]	
1	Innenputz	0,70	1,5	
2	Mauerwerk	0,90	24,0	30,0
3	Außenputz	0,87	2,0	
4	PS -Hartschaum	0,04	12,0	
5	Mineralischer Putz	0,87	1,5	
Wärmedurchgangskoeffizient U [W/(m²*K)]			0,27	0,26
Referenzwert der EnEV U [W/(m²*K)]			0,35	

Bauteil: Außenwand: Mauerwerk aus Kalksand-Vollsteinen (Reichsformat)
Baustoff: Kalksand-Vollstein, Rohdichte ρ = 1800 kg/m³

Schicht Nr.	Bezeichnung	λ - Wert [W/(m*K)]	Schichtdicke [cm]		
1	Innenputz	0,70	1,5		
2	Mauerwerk	0,99	25,0	38,0	51,0
3	Außenputz	0,87	2,0		
Wärmedurchgangskoeffizient U [W/(m²*K)]			2,14	1,67	1,37
Referenzwert der EnEV U [W/(m²*K)]			0,35		

Verbesserung der Wärmedämmung durch 10 cm WDVS

Schicht Nr.	Bezeichnung	λ - Wert [W/(m*K)]	Schichtdicke [cm]		
1	Innenputz	0,70	1,5		
2	Mauerwerk	0,99	25,0	38,0	51,0
3	Außenputz	0,87	2,0		
4	PS -Hartschaum	0,04	10,0		
5	Mineralischer Putz	0,87	1,5		
Wärmedurchgangskoeffizient U [W/(m²*K)]			0,34	0,32	0,31
Referenzwert der EnEV U [W/(m²*K)]			0,35		

Verbesserung der Wärmedämmung durch 12 cm WDVS

Schicht Nr.	Bezeichnung	λ - Wert [W/(m*K)]	Schichtdicke [cm]		
1	Innenputz	0,70	1,5		
2	Mauerwerk	0,99	25,0	38,0	51,0
3	Außenputz	0,87	2,0		
4	PS -Hartschaum	0,04	12,0		
5	Mineralischer Putz	0,87	1,5		
Wärmedurchgangskoeffizient U [W/(m²*K)]			0,29	0,28	0,27
Referenzwert der EnEV U [W/(m²*K)]]			0,35		

Bauteil: Außenwand: Mauerwerk aus Kalksand-Vollsteinen (DIN-Format)
Baustoff: Kalksand-Vollstein, Rohdichte ρ = 1800 kg/m³

Schicht Nr.	Bezeichnung	λ-Wert [W/(m*K)]	Schichtdicke [cm]		
1	Innenputz	0,70	1,5		
2	Mauerwerk	0,99	24,0	30,0	36,5
3	Außenputz	0,87	2,0		
Wärmedurchgangskoeffizient U [W/(m²*K)]			2,19	1,93	1,72
Referenzwert der EnEV U [W/(m²*K)]			0,35		

Verbesserung der Wärmedämmung durch 10 cm WDVS

Schicht Nr.	Bezeichnung	λ-Wert [W/(m*K)]	Schichtdicke [cm]		
1	Innenputz	0,70	1,5		
2	Mauerwerk	0,81	24,0	30,0	36,5
3	Außenputz	0,87	2,0		
4	PS-Hartschaum	0,04	10,0		
5	Mineralischer Putz	0,87	1,5		
Wärmedurchgangskoeffizient U [W/(m²*K)]			0,34	0,33	0,32
Referenzwert der EnEV U [W/(m²*K)]			0,35		

Verbesserung der Wärmedämmung durch 12 cm WDVS

Schicht Nr.	Bezeichnung	λ-Wert [W/(m*K)]	Schichtdicke [cm]		
1	Innenputz	0,70	1,5		
2	Mauerwerk	0,81	24,0	30,0	36,5
3	Außenputz	0,87	2,0		
4	PS-Hartschaum	0,04	12,0		
5	Mineralischer Putz	0,87	1,5		
Wärmedurchgangskoeffizient U [W/(m²*K)]			0,29	0,28	0,28
Referenzwert der EnEV U [W/(m²*K)]			0,35		

Bauteil: Außenwand: Mauerwerk aus Kalksand-Lochsteinen
Baustoff: Kalksand-Lochstein, Rohdichte ρ = 1400 kg/m³

Schicht Nr.	Bezeichnung	λ - Wert [W/(m*K)]	Schichtdicke [cm]		
1	Innenputz	0,70	1,5		
2	Mauerwerk	0,70	24,0	30,0	36,5
3	Außenputz	0,87	2,0		
Wärmedurchgangskoeffizient U [W/(m²*K)]			1,79	1,56	1,36
Referenzwert der EnEV U [W/(m²*K)]			0,35		

Verbesserung der Wärmedämmung durch 10 cm WDVS

Schicht Nr.	Bezeichnung	λ - Wert [W/(m*K)]	Schichtdicke [cm]		
1	Innenputz	0,70	1,5		
2	Mauerwerk	0,70	24,0	30,0	36,5
3	Außenputz	0,87	2,0		
4	PS -Hartschaum	0,04	10,0		
5	Mineralischer Putz	0,87	1,5		
Wärmedurchgangskoeffizient U [W/(m²*K)]			0,33	0,32	0,31
Referenzwert der EnEV U [W/(m²*K)]			0,35		

Verbesserung der Wärmedämmung durch 12 cm WDVS

Schicht Nr.	Bezeichnung	λ - Wert [W/(m*K)]	Schichtdicke [cm]		
1	Innenputz	0,70	1,5		
2	Mauerwerk	0,70	24,0	30,0	36,5
3	Außenputz	0,87	2,0		
4	PS -Hartschaum	0,04	12,0		
5	Mineralischer Putz	0,87	1,5		
Wärmedurchgangskoeffizient U [W/(m²*K)]			0,28	0,27	0,27
Referenzwert der EnEV U [W/(m²*K)]			0,35		

Bauteil: Außenwand: Mauerwerk aus Natursteinen
Baustoff: Natursteine, Rohdichte ρ = 2800 kg/m³

Schicht Nr.	Bezeichnung	λ - Wert [W/(m*K)]	Schichtdicke [cm]		
1	Innenputz	0,70	1,5		
2	Mauerwerk	3,5	45	60	70
Wärmedurchgangskoeffizient U [W/(m²*K)]			3,13	2,76	2,56
Referenzwert der EnEV U [W/(m²*K)]			0,35		

Bauteil:	Außenwand: Mauerwerk aus Natursteinen					15
Baustoff: Natursteine, Rohdichte ρ = 2600 kg/m³						

Schicht Nr.	Bezeichnung	λ - Wert [W/(m·K)]	Schichtdicke [cm]		
1	Innenputz	0,7	1,5		
2	Mauerwerk	2,3	45	60	70
Wärmedurchgangskoeffizient U [W/(m²·K)]			2,58	2,21	2,02
Referenzwert der EnEV U [W/(m²·K)]			0,35		

Bauteil: Außenwand: Mauerwerk aus Natursteinen
Baustoff: Natursteine, Rohdichte ρ = 1600 kg/m³

16

Schicht Nr.	Bezeichnung	λ - Wert [W/(m*K)]	Schichtdicke [cm]		
1	Innenputz	0,7	1,5		
2	Mauerwerk	0,55	45	60	70

Wärmedurchgangskoeffizient U [W/(m²*K)]		0,99	0,78	0,68
Referenzwert der EnEV U [W/(m²*K)]		0,35		

Bauteil: Außenwand: Mauerwerk aus Hochlochziegeln mit einbindender Verblendung
Baustoff: Hochlochziegel Rohdichte ρ =1200 kg/m³; Klinker, Rohdichte ρ =1800 kg/m³

17

Schicht Nr.	Bezeichnung	λ - Wert [W/(m*K)]	Schichtdicke [cm]	
1	Innenputz	0,7	1,5	
2	Mauerwerk	0,50	25	12,5
3	Klinker	0,81	12,5	25

Wärmedurchgangskoeffizient U [W/(m²*K)]	1,19
Referenzwert der EnEV U [W/(m²*K)]	0,35

Verbesserung der Wärmedämmung durch 10 cm WDVS

Schicht Nr.	Bezeichnung	λ - Wert [W/(m*K)]	Schichtdicke [cm]	
1	Innenputz	0,70	1,5	
2	Mauerwerk	0,50	12,5	25
3	Klinker	0,81	25	12,5
4	PS -Hartschaum	0,04	10,0	
5	Mineralischer Putz	0,87	2,5	

Wärmedurchgangskoeffizient U [W/(m²*K)]	0,30
Referenzwert der EnEV U [W/(m²*K)]	0,35

Verbesserung der Wärmedämmung durch 12 cm WDVS

Schicht Nr.	Bezeichnung	λ - Wert [W/(m*K)]	Schichtdicke [cm]	
1	Innenputz	0,70	1,5	
2	Mauerwerk	0,50	12,5	25
3	Klinker	0,81	25	12,5
4	PS -Hartschaum	0,04	12,0	
5	Mineralischer Putz	0,87	2,5	

Wärmedurchgangskoeffizient U [W/(m²*K)]	0,26
Referenzwert der EnEV U [W/(m²*K)]	0,35

Bauteil: Außenwand: Mauerwerk aus Vollziegeln mit einbindender Verblendung
Baustoff: Vollziegel Rohdichte ρ =1800 kg/m³; Klinker, Rohdichte ρ =1800 kg/m³

18

Schicht Nr.	Bezeichnung	λ - Wert [W/(m*K)]	Schichtdicke [cm]	
1	Innenputz	0,7	1,5	
2	Mauerwerk	0,81	25	12,5
3	Klinker	0,81	12,5	25
Wärmedurchgangskoeffizient U [W/(m²*K)]			1,53	
Referenzwert der EnEV U [W/(m²*K)]			0,35	

Verbesserung der Wärmedämmung durch 10 cm WDVS

Schicht Nr.	Bezeichnung	λ - Wert [W/(m*K)]	Schichtdicke [cm]	
1	Innenputz	0,70	1,5	
2	Mauerwerk	0,81	12,5	25
3	Klinker	0,81	25	12,5
4	PS -Hartschaum	0,04	10,0	
5	Mineralischer Putz	0,87	2,5	
Wärmedurchgangskoeffizient U [W/(m²*K)]			0,31	
Referenzwert der EnEV U [W/(m²*K)]			0,35	

Verbesserung der Wärmedämmung durch 12 cm WDVS

Schicht Nr.	Bezeichnung	λ - Wert [W/(m*K)]	Schichtdicke [cm]	
1	Innenputz	0,70	1,5	
2	Mauerwerk	0,81	12,5	25
3	Klinker	0,81	25	12,5
4	PS -Hartschaum	0,04	12,0	
5	Mineralischer Putz	0,87	2,5	
Wärmedurchgangskoeffizient U [W/(m²*K)]			0,27	
Referenzwert der EnEV U [W/(m²*K)]			0,35	

Bauteil: Außenwand: Mauerwerk aus Vollziegeln mit Sparverblendern
Baustoff: Vollziegel Rohdichte ρ =1800 kg/m³; Sparverblender

Schicht Nr.	Bezeichnung	λ - Wert [W/(m*K)]	Schichtdicke [cm]
1	Innenputz	0,70	1,5
2	Mauerwerk	0,81	30
3	Schalenfuge	0,87	1,0
4	Sparverblender (gelocht)	0,81	5,2
Wärmedurchgangskoeffizient U [W/(m²*K)]			1,57
Referenzwert der EnEV U [W/(m²*K)]			0,35

Verbesserung der Wärmedämmung durch 10 cm WDVS

Schicht Nr.	Bezeichnung	λ - Wert [W/(m*K)]	Schichtdicke [cm]
1	Innenputz	0,70	1,5
2	Mauerwerk	0,81	30
3	Schalenfuge	0,87	1,5
4	Sparverblender (gelocht)	0,81	5,2
5	PS -Hartschaum	0,04	10,0
6	Mineralischer Putz	0,87	1,5
Wärmedurchgangskoeffizient U [W/(m²*K)]			0,29
Referenzwert der EnEV U [W/(m²*K)]			0,35

Verbesserung der Wärmedämmung durch 12 cm WDVS

Schicht Nr.	Bezeichnung	λ - Wert [W/(m*K)]	Schichtdicke [cm]
1	Innenputz	0,70	1,5
2	Mauerwerk	0,81	30
3	Schalenfuge	0,87	1,0
4	Sparverblender (gelocht)	0,81	5,2
5	PS -Hartschaum	0,04	12,0
6	Mineralischer Putz	0,87	1,5
Wärmedurchgangskoeffizient U [W/(m²*K)]			0,25
Referenzwert der EnEV U [W/(m²*K)]			0,35

Bauteil: Außenwand: Mauerwerk aus Vollziegeln mit Spaltklinkern
Baustoff: Vollziegel Rohdichte ρ =1800 kg/m³; Sparverblender

20

Schicht Nr.	Bezeichnung	λ - Wert [W/(m*K)]	Schichtdicke [cm]
1	Innenputz	0,70	1,5
2	Mauerwerk	0,81	30
3	Spaltklinker	0,81	2,0
Wärmedurchgangskoeffizient U [W/(m²*K)]			1,70
Referenzwert der EnEV U [W/(m²*K)]			0,35

Verbesserung der Wärmedämmung durch 10 cm WDVS

Schicht Nr.	Bezeichnung	λ - Wert [W/(m*K)]	Schichtdicke [cm]
1	Innenputz	0,70	1,5
2	Mauerwerk	0,81	30
3	Spaltklinker	0,81	2,0
4	PS -Hartschaum	0,04	10,0
5	Mineralischer Putz	0,87	1,5
Wärmedurchgangskoeffizient U [W/(m²*K)]			0,29
Referenzwert der EnEV U [W/(m²*K)]			0,35

Verbesserung der Wärmedämmung durch 12 cm WDVS

Schicht Nr.	Bezeichnung	λ - Wert [W/(m*K)]	Schichtdicke [cm]
1	Innenputz	0,70	1,5
2	Mauerwerk	0,81	30
3	Spaltklinker	0,81	2,0
4	PS -Hartschaum	0,04	12,0
5	Mineralischer Putz	0,87	1,5
Wärmedurchgangskoeffizient U [W/(m²*K)]			0,25
Referenzwert der EnEV U [W/(m²*K)]			0,35

| Bauteil: Außenwand: Kiesbeton (15 cm) mit Innendämmung
Baustoff: Kiesbeton, Rohdichte ρ =2400 kg/m³ | 21 |

Schicht Nr.	Bezeichnung	λ - Wert [W/(m*K)]	Schichtdicke [cm]	
1	Innenputz	0,7	1,5	
2	HWL	0,09	2,5	5,0
3	Kiesbeton	2,1	15,0	
4	Außenputz	0,87	2,0	
Wärmedurchgangskoeffizient U[W/(m²*K)]			1,77	1,19
Referenzwert der EnEV U [W/(m²*K)]			0,35	

Verbesserung der Wärmedämmung durch 10 cm WDVS

Schicht Nr.	Bezeichnung	λ - Wert [W/(m*K)]	Schichtdicke [cm]	
1	Innenputz	0,70	1,5	
2	HWL	0,09	2,5	5,0
3	Kiesbeton	2,10	15,0	
4	Außenputz	0,87	2,0	
5	PS-Hartschaum	0,04	10	
6	Mineralischer Putz	0,87	1,5	
Wärmedurchgangskoeffizient U [W/(m²*K)]			0,33	0,30
Referenzwert der EnEV U [W/(m²*K)]			0,35	

Verbesserung der Wärmedämmung durch 12 cm WDVS

Schicht Nr.	Bezeichnung	λ - Wert [W/(m*K)]	Schichtdicke [cm]	
1	Innenputz	0,70	1,5	
2	HWL	0,09	2,5	5,0
3	Kiesbeton	2,10	15,0	
4	Außenputz	0,87	2,0	
5	PS Hartschaum	0,04	12	
6	Mineralischer Putz	0,87	1,5	
Wärmedurchgangskoeffizient U [W/(m²*K)]			0,28	0,26
Referenzwert der EnEV U [W/(m²*K)]			0,35	

| | **Bauteil:** Außenwand: Kiesbeton (25 cm) mit Innendämmung
Baustoff: Kiesbeton, Rohdichte ρ =2400 kg/m³ | 22 |

Schicht Nr.	Bezeichnung	λ - Wert [W/(m*K)]	Schichtdicke [cm]	
1	Innenputz	0,70	1,5	
2	HWL	0,09	2,5	5,0
3	Kiesbeton	2,10	25	
4	Außenputz	0,87	2,0	
Wärmedurchgangskoeffizient U [W/(m²*K)]			1,64	1,13
Referenzwert der EnEV U [W/(m²*K)]			0,35	

Verbesserung der Wärmedämmung durch 10 cm WDVS

Schicht Nr.	Bezeichnung	λ - Wert [W/(m*K)]	Schichtdicke [cm]	
1	Innenputz	0,70	1,5	
2	HWL	0,09	2,5	5,0
3	Kiesbeton	2,10	25,0	
4	Außenputz	0,87	2,0	
5	PS-Hartschaum	0,04	10,0	
6	Mineralischer Putz	0,87	1,5	
Wärmedurchgangskoeffizient U [W/(m²*K)]			0,32	0,29
Referenzwert der EnEV U [W/(m²*K)]			0,35	

Verbesserung der Wärmedämmung durch 12 cm WDVS

Schicht Nr.	Bezeichnung	λ - Wert [W/(m*K)]	Schichtdicke [cm]	
1	Innenputz	0,70	1,5	
2	HWL	0,09	2,5	5,0
3	Kiesbeton	2,10	25,0	
4	Außenputz	0,87	2,0	
5	PS Hartschaum	0,04	12,0	
6	Mineralischer Putz	0,87	1,5	
Wärmedurchgangskoeffizient U [W/(m²*K)]			0,28	0,26
Referenzwert der EnEV U [W/(m²*K)]			0,35	

Bauteil: Außenwand: Kiesbeton (15 cm) mit Außendämmung
Baustoff: Kiesbeton, Rohdichte ρ =2400 kg/m³

Schicht Nr.	Bezeichnung	λ - Wert [W/(m*K)]	Schichtdicke [cm]	
1	Innenputz	0,70	1,5	
2	Kiesbeton	2,10	15,0	
3	HWL	0,09	2,5	5,0
4	Außenputz	0,87	2,0	
Wärmedurchgangskoeffizient U [W/(m²*K)]			1,77	1,19
Referenzwert der EnEV U [W/(m²*K)]			0,35	

Verbesserung der Wärmedämmung durch 12 cm WDVS

Schicht Nr.	Bezeichnung	λ - Wert [W/(m*K)]	Schichtdicke [cm]
1	Innenputz	0,70	1,5
2	Kiesbeton	2,10	15,0
3	Außenputz	0,87	2,0
4	PS-Hartschaum	0,04	12
5	Mineralischer Putz	0,87	1,5
Wärmedurchgangskoeffizient U[W/(m²*K)]			0,30
Referenzwert der EnEV U [W/(m²*K)]			0,35

Verbesserung der Wärmedämmung durch 15 cm WDVS

Schicht Nr.	Bezeichnung	λ - Wert [W/(m*K)]	Schichtdicke [cm]
1	Innenputz	0,70	1,5
2	Kiesbeton	2,10	15,0
3	Außenputz	0,87	2,0
4	PS Hartschaum	0,04	15
5	Mineralischer Putz	0,87	1,5
Wärmedurchgangskoeffizient U [W/(m²*K)]			0,25
Referenzwert der EnEV U [W/(m²*K)]			0,35

Bauteil: Außenwand: Kiesbeton (25 cm) mit Außendämmung
Baustoff: Kiesbeton, Rohdichte ρ =2400 kg/m³

Schicht Nr.	Bezeichnung	λ - Wert [W/(m*K)]	Schichtdicke [cm]
1	Innenputz	0,70	1,5
2	Kiesbeton	2,10	25,0
3	HWL	0,09	2,5
4	Außenputz	0,87	2,0
Wärmedurchgangskoeffizient U [W/(m²*K)]		1,64	1,13
Referenzwert der EnEV U [W/(m²*K)]			0,35

Verbesserung der Wärmedämmung durch 12 cm WDVS

Schicht Nr.	Bezeichnung	λ - Wert [W/(m*K)]	Schichtdicke [cm]
1	Innenputz	0,70	1,5
2	Kiesbeton	2,10	25,0
3	Außenputz	0,87	2,0
4	PS-Hartschaum	0,04	12
5	Mineralischer Putz	0,87	1,5
Wärmedurchgangskoeffizient U [W/(m²*K)]			0,30
Referenzwert der EnEV U [W/(m²*K)]			0,35

Verbesserung der Wärmedämmung durch 15 cm WDVS

Schicht Nr.	Bezeichnung	λ - Wert [W/(m*K)]	Schichtdicke [cm]
1	Innenputz	0,70	1,5
2	Kiesbeton	2,10	25,0
3	Außenputz	0,87	2,0
4	PS Hartschaum	0,04	15
5	Mineralischer Putz	0,87	1,5
Wärmedurchgangskoeffizient U [W/(m²*K)]			0,24
Referenzwert der EnEV U [W/(m²*K)]			0,35

Bauteil: Außenwand: Mauerziegel (24 cm) mit Außendämmung
Baustoff: Mauerziegel, Rohdichte ρ =1600 kg/m³

25

Schicht Nr.	Bezeichnung	λ - Wert [W/(m*K)]	Schichtdicke [cm]	
1	Innenputz	0,70	1,5	
2	Mauerziegel	0,68	24,0	
3	HWL	0,09	2,5	5,0
4	Außenputz	0,87	1,5	
Wärmedurchgangskoeffizient U [W/(m²*K)]			1,19	0,90
Referenzwert der EnEV U [W/(m²*K)]			0,35	

Verbesserung der Wärmedämmung durch 10 cm WDVS

Schicht Nr.	Bezeichnung	λ - Wert [W/(m*K)]	Schichtdicke [cm]
1	Innenputz	0,87	1,5
2	Mauerziegel	0,68	24,0
3	Außenputz	0,87	2,0
4	PS -Hartschaum	0,04	10
5	Mineralischer Putz	0,87	1,5
Wärmedurchgangskoeffizient U [W/(m²*K)]			0,32
Referenzwert der EnEV U [W/(m²*K)]			0,35

Verbesserung der Wärmedämmung durch 12 cm WDVS

Schicht Nr.	Bezeichnung	λ - Wert [W/(m*K)]	Schichtdicke [cm]
1	Innenputz	0,87	1,5
2	Mauerziegel	0,68	24,0
3	Außenputz	0,87	2,0
4	PS -Hartschaum	0,04	12
5	Mineralischer Putz	0,87	1,5
Wärmedurchgangskoeffizient U [W/(m²*K)]			0,28
Referenzwert der EnEV U [W/(m²*K)]			0,35

Bauteil: Außenwand: Kiesbeton (15 cm) mit Manteldämmung
Baustoff: Kiesbeton, Rohdichte ρ =2400 kg/m³

Schicht Nr.	Bezeichnung	λ - Wert [W/(m*K)]	Schichtdicke [cm]	
1	Außenputz	0,87	2,0	
2 / 4	HWL	0,09	3,5	5,0
3	Kiesbeton	2,10	15,0	
5	Gipskartonplatte	0,21	0,95	
Wärmedurchgangskoeffizient U [W/(m²*K)]			0,92	0,70
Referenzwert der EnEV U [W/(m²*K)]			0,35	

Verbesserung der Wärmedämmung durch 10 cm WDVS

Schicht Nr.	Bezeichnung	λ - Wert [W/(m*K)]	Schichtdicke [cm]
1	Gipskartonplatte	0,21	0,95
2	HWL	0,09	3,50
3	Kiesbeton	2,10	15,0
4	PS-Hartschaum	0,04	10,0
5	Mineralischer Putz	0,87	1,50
Wärmedurchgangskoeffizient U [W/(m²*K)]			0,31
Referenzwert der EnEV U [W/(m²*K)]			0,35

Verbesserung der Wärmedämmung durch 12 cm WDVS

Schicht Nr.	Bezeichnung	λ - Wert [W/(m*K)]	Schichtdicke [cm]
1	Gipskartonplatte	0,21	0,95
2	HWL	0,09	3,50
3	Kiesbeton	2,10	15,0
4	PS-Hartschaum	0,04	12,0
5	Mineralischer Putz	0,87	1,50
Wärmedurchgangskoeffizient U [W/(m²*K)]			0,27
Referenzwert der EnEV U [W/(m²*K)]			0,35

Bauteil: Außenwand: Mauerwerk aus Hochlochziegeln mit Luftschicht und Verblendung Baustoff: Lochziegel, Rohdichte ρ =1200 kg/m³; Vormauerziegel, Rohdichte ρ =2000 kg/m³	27

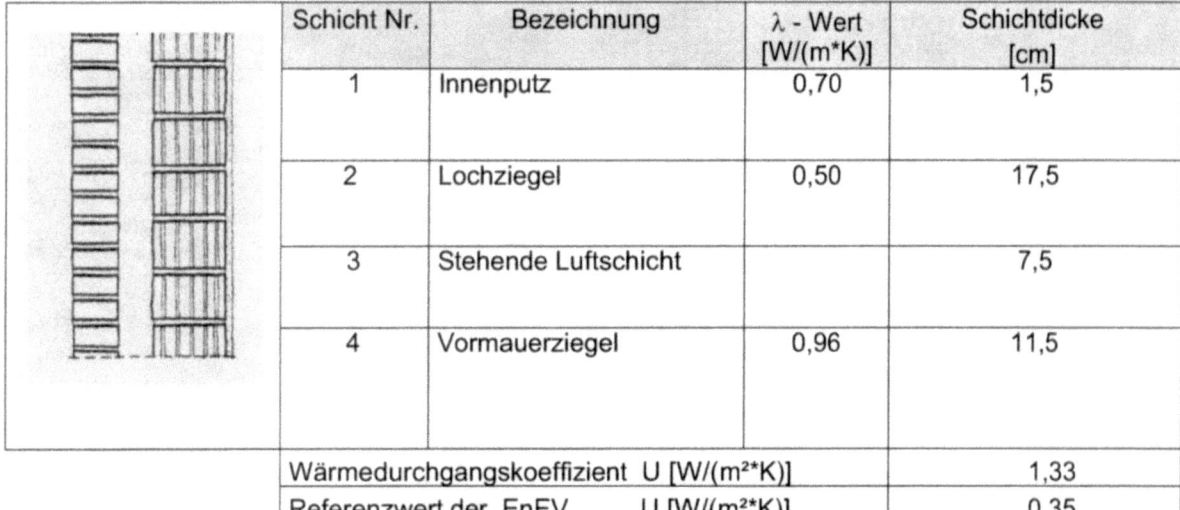

Schicht Nr.	Bezeichnung	λ - Wert [W/(m*K)]	Schichtdicke [cm]
1	Innenputz	0,70	1,5
2	Lochziegel	0,50	17,5
3	Stehende Luftschicht		7,5
4	Vormauerziegel	0,96	11,5
Wärmedurchgangskoeffizient U [W/(m²*K)]			1,33
Referenzwert der EnEV U [W/(m²*K)]			0,35

Verbesserung der Wärmedämmung durch 7,5 cm

PS- Partikel - Schüttung

Schicht Nr.	Bezeichnung	λ - Wert [W/(m*K)]	Schichtdicke [cm]
1	Vormauerziegel	0,96	11,5
2	PS-Partikel-Schüttung	0,05	7,5
3	Lochziegel	0,50	17,5
4	Innenputz	0,70	1,5
Wärmedurchgangskoeffizient U [W/(m²*K)]			0,39
Referenzwert der EnEV U [W/(m²*K)]			0,35

| Bauteil: Außenwand: Mauerwerk aus Vollziegeln mit Luftschicht und Verblendung Baustoff: Vollziegel, Rohdichte ρ =1800 kg/m³; Vormauerziegel, Rohdichte ρ =2000 kg/m³ | 28 |

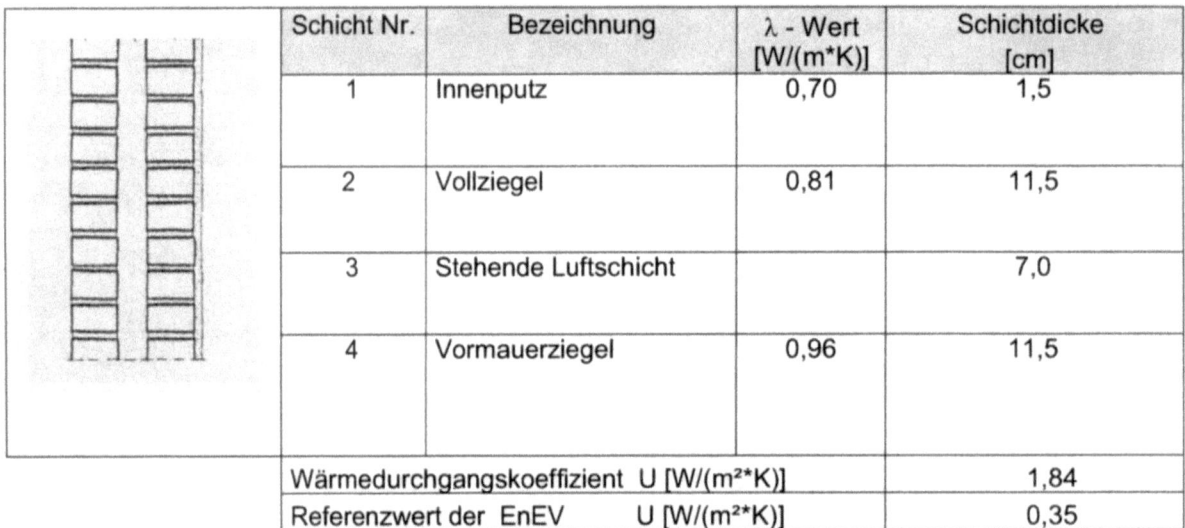

Schicht Nr.	Bezeichnung	λ - Wert [W/(m*K)]	Schichtdicke [cm]
1	Innenputz	0,70	1,5
2	Vollziegel	0,81	11,5
3	Stehende Luftschicht		7,0
4	Vormauerziegel	0,96	11,5
Wärmedurchgangskoeffizient U [W/(m²*K)]			1,84
Referenzwert der EnEV U [W/(m²*K)]			0,35

Verbesserung der Wärmedämmung durch 7,0 cm Perliteschüttung

Schicht Nr.	Bezeichnung	λ - Wert [W/(m*K)]	Schichtdicke [cm]
1	Vormauerziegel	0,96	11,5
2	Perliteschüttung	0,04	7,5
3	Vollziegel	0,81	11,5
4	Innenputz	0,70	1,5
Wärmedurchgangskoeffizient U [W/(m²*K)]			0,45
Referenzwert der EnEV U [W/(m²*K)]			0,35

Bauteil:	Außenwand: Mauerwerk aus Lochziegeln mit Schalenfuge und Verblendung	29
Baustoff:	Lochziegel, Rohdichte ρ =1800 kg/m³; Klinkerschale, Rohdichte ρ =2000 kg/m³	

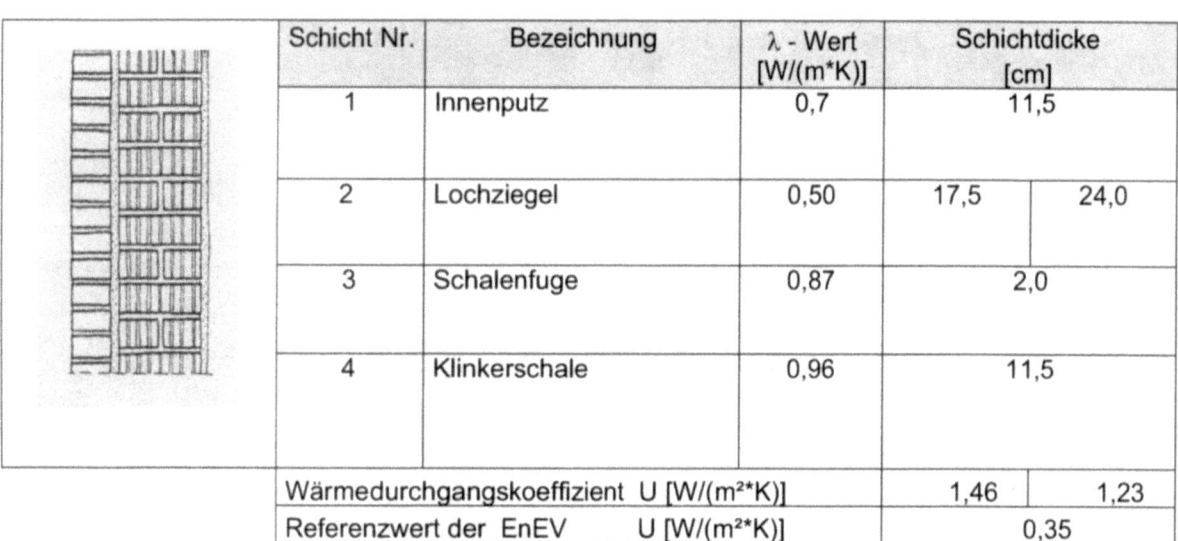

Schicht Nr.	Bezeichnung	λ - Wert [W/(m*K)]	Schichtdicke [cm]	
1	Innenputz	0,7	11,5	
2	Lochziegel	0,50	17,5	24,0
3	Schalenfuge	0,87	2,0	
4	Klinkerschale	0,96	11,5	
Wärmedurchgangskoeffizient U [W/(m²*K)]			1,46	1,23
Referenzwert der EnEV U [W/(m²*K)]			0,35	

Verbesserung der Wärmedämmung durch 10 cm WDVS

Schicht Nr.	Bezeichnung	λ - Wert [W/(m*K)]	Schichtdicke [cm]	
1	Innenputz	0,87	11,5	
2	Lochziegel	0,50	17,5	24,0
3	Außenputz	0,87	2,0	
4	Klinkerschale	0,96	11,5	
4	PS -Hartschaum	0,04	10,0	
5	Mineralischer Putz	0,87	1,5	
Wärmedurchgangskoeffizient U [W/(m²*K)]			0,28	0,27
Referenzwert der EnEV U [W/(m²*K)]			0,35	

Verbesserung der Wärmedämmung durch 12 cm WDVS

Schicht Nr.	Bezeichnung	λ - Wert [W/(m*K)]	Schichtdicke [cm]	
1	Innenputz	0,87	11,5	
2	Lochziegel	0,50	17,5	24
3	Außenputz	0,87	2,0	
4	Klinkerschale	0,96	11,5	
4	PS -Hartschaum	0,04	12,0	
5	Mineralischer Putz	0,87	1,5	
Wärmedurchgangskoeffizient U [W/(m²*K)]			0,24	0,24
Referenzwert der EnEV U [W/(m²*K)]			0,35	

Bauteil: Außenwand: Mauerwerk aus Kalksand-Lochsteinen mit Schalenfuge und Verblendung Baustoff: Kalksand-Lochstein, Rohdichte ρ =1400 kg/m³; Klinkerschale, Rohdichte ρ =2000 kg/m³	30

Schicht Nr.	Bezeichnung	λ - Wert [W/(m*K)]	Schichtdicke [cm]	
1	Innenputz	0,70	1,5	
2	Kalksand - Lochstein	0,70	17,5	24
3	Schalenfuge	0,87	2,0	
4	Klinkerschale	0,96	11,5	
Wärmedurchgangskoeffizient U[W/(m²*K)]			1,71	1,48
Referenzwert der EnEV U [W/(m²*K)]			0,35	

Verbesserung der Wärmedämmung durch 10 cm WDVS

Schicht Nr.	Bezeichnung	λ - Wert [W/(m*K)]	Schichtdicke [cm]	
1	Innenputz	0,87	11,5	
2	Kalksand - Lochstein	0,70	17,5	24,0
3	Schalenfuge	0,87	2,0	
4	Klinkerschale	0,96	11,5	
4	PS -Hartschaum	0,04	10,0	
5	Mineralischer Putz	0,87	1,5	
Wärmedurchgangskoeffizient U [W/(m²*K)]			0,29	0,28
Referenzwert der EnEV U [W/(m²*K)]			0,35	

Verbesserung der Wärmedämmung durch 12 cm WDVS

Schicht Nr.	Bezeichnung	λ - Wert [W/(m*K)]	Schichtdicke [cm]	
1	Innenputz	0,87	11,5	
2	Lochziegel	0,50	17,5	24,0
3	Außenputz	0,87	2,0	
4	Klinkerschale	0,96	11,5	
4	PS -Hartschaum	0,04	12,0	
5	Mineralischer Putz	0,87	1,5	
Wärmedurchgangskoeffizient U [W/(m²*K)]			0,25	0,24
Referenzwert der EnEV U [W/(m²*K)]			0,35	

Bauteil: Außenwand: Mauerwerk aus Porenbeton-Blocksteinen
Baustoff: Porenbeton-Blockstein Rohdichte ρ =800 kg/m³;

Schicht Nr.	Bezeichnung	λ - Wert [W/(m*K)]	Schichtdicke [cm]		
1	Innenputz	0,70	0,5		
2	Porenbeton-Blockstein	0,29	24,0	30,0	36,5
3	Außenputz	0,87	1,5		

Wärmedurchgangskoeffizient U [W/(m²*K)]	0,98	0,81	0,69
Referenzwert der EnEV U [W/(m²*K)]	0,35		

Verbesserung der Wärmedämmung durch 10 cm WDVS

Schicht Nr.	Bezeichnung	λ - Wert [W/(m*K)]	Schichtdicke [cm]		
1	Innenputz	0,70	0,5		
2	Porenbeton-Blockstein	0,29	24	30	36,5
3	Außenputz	0,87	1,5		
4	PS Hartschaum	0,04	10		
5	Mineralischer Putz	0,87	2,5		

Wärmedurchgangskoeffizient U [W/(m²*K)]	0,28	0,27	0,25
Referenzwert der EnEV U [W/(m²*K)]	0,35		

Verbesserung der Wärmedämmung durch 12 cm WDVS

Schicht Nr.	Bezeichnung	λ - Wert [W/(m*K)]	Schichtdicke [cm]		
1	Innenputz	0,70	0,5		
2	Porenbeton-Blockstein	0,29	24	30	36,5
3	Außenputz	0,87	1,5		
4	PS Hartschaum	0,04	12,0		
5	Mineralischer Putz	0,87	2,5		

Wärmedurchgangskoeffizient U [W/(m²*K)]	0,25	0,24	0,22
Referenzwert der EnEV U [W/(m²*K)]	0,35		

Bauteil:	Außenwand: Mauerwerk aus Porenbeton-Blocksteinen mit Luftschicht und Verblendung	32
Baustoff:	Porenbeton-Blockstein Rohdichte ρ =800 kg/m³; KS-Vormauerschale Rohdichte ρ =1800 kg/m³	

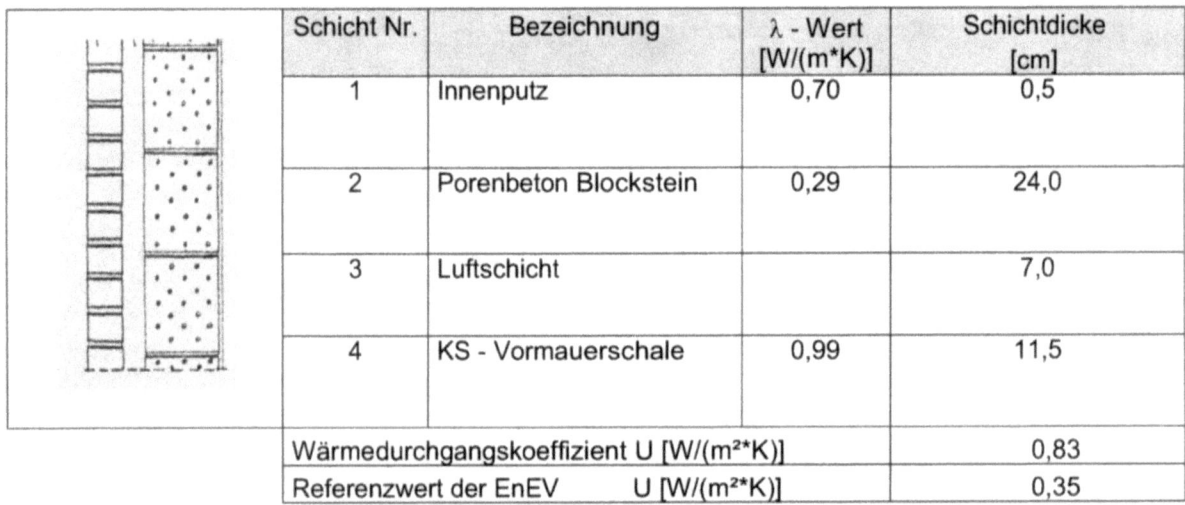

Schicht Nr.	Bezeichnung	λ - Wert [W/(m*K)]	Schichtdicke [cm]
1	Innenputz	0,70	0,5
2	Porenbeton Blockstein	0,29	24,0
3	Luftschicht		7,0
4	KS - Vormauerschale	0,99	11,5
Wärmedurchgangskoeffizient U [W/(m²*K)]			0,83
Referenzwert der EnEV U [W/(m²*K)]			0,35

Verbesserung der Wärmedämmung durch 7 cm Perliteschüttun

Schicht Nr.	Bezeichnung	λ - Wert [W/(m*K)]	Schichtdicke [cm]
1	Innenputz	0,70	0,5
2	Porenbeton-Blockstein	0,29	24,0
3	Perliteschüttung	0,04	7,0
4	KS-Vormauerschale	0,99	11,5
Wärmedurchgangskoeffizient U [W/(m²*K)]			0,35
Referenzwert der EnEV U [W/(m²*K)]			0,35

Bauteil: Außenwand: Mauerwerk aus KS-Lochsteinen mit Luftschicht und Verblendung
Baustoff: KS-Lochstein Rohdichte ρ =1400 kg/m³;
KS-Verblender Rohdichte ρ =2000 kg/m³

33

Schicht Nr.	Bezeichnung	λ - Wert [W/(m*K)]	Schichtdicke [cm]
1	Innenputz	0,7	1,5
2	KS - Lochstein	0,70	17,5
3	Luftschicht		5,0
4	KS - Verblender	1,1	11,5
Wärmedurchgangskoeffizient U [W/(m²*K)]			1,57
Referenzwert der EnEV U [W/(m²*K)]			0,35

Verbesserung der Wärmedämmung durch 5 cm Perliteschüttung

Schicht Nr.	Bezeichnung	λ - Wert [W/(m*K)]	Schichtdicke [cm]
1	Innenputz	0,70	0,5
2	KS-Lochstein	0,70	17,5
3	Perliteschüttung	0,04	5,0
4	KS-Verblender	1,10	11,5
Wärmedurchgangskoeffizient U [W/(m²*K)]			0,56
Referenzwert der EnEV U [W/(m²*K)]			0,35

	Bauteil: Außenwand: Mauerwerk aus KS-Lochsteinen mit Luftschicht und Verblendung Baustoff: KS-Lochstein Rohdichte ρ =1400 kg/m³; KS-Verblender Rohdichte ρ =2000 kg/m³	34

Schicht Nr.	Bezeichnung	λ - Wert [W/(m*K)]	Schichtdicke [cm]
1	Innenputz	0,70	1,5
2	KS - Lochstein	0,70	24
3	Luftschicht		5,0
4	KS - Verblender	1,10	11,5
Wärmedurchgangskoeffizient U [W/(m²K)]			1,37
Referenzwert der EnEV U [W/(m²K)]			0,35

Verbesserung der Wärmedämmung durch 5 cm PS -Partikel- Schüttung

Schicht Nr.	Bezeichnung	λ - Wert [W/(m*K)]	Schichtdicke [cm]
1	Innenputz	0,70	0,5
2	KS-Lochstein	0,70	24
3	PS -Partikel - Schüttung	0,05	5,0
4	KS-Verblender	1,10	11,5
Wärmedurchgangskoeffizient U [W/(m²K)]			0,62
Referenzwert der EnEV U [W/(m²K)]			0,35

| Bauteil: Außenwand: Mauerwerk aus KS-Vollsteinen mit Luftschicht und Außenputz
Baustoff: KS-Vollstein Rohdichte ρ =1400 kg/m³; | 35 |

Schicht Nr.	Bezeichnung	λ - Wert [W/(m*K)]	Schichtdicke [cm]
1	Innenputz	0,70	1,5
2	KS-Vollstein	0,99	11,5
3	Luftschicht		5,0
4	KS-Vollstein	0,99	11,5
5	Außenputz	0,87	2
Wärmedurchgangskoeffizient U [W/(m²*K)]			1,86
Referenzwert der EnEV U [W/(m²*K)]			0,35

Verbesserung der Wärmedämmung durch 5 cm PS -Partikel- Schüttung

Schicht Nr.	Bezeichnung	λ - Wert [W/(m*K)]	Schichtdicke [cm]
1	Außenputz	0,87	2,0
2	KS-Vollstein	0,99	11,5
3	PS -Partikel - Schüttung	0,05	5,0
4	KS-Vollstein	0,99	11,5
5	Innenputz	0,70	1,5
Wärmedurchgangskoeffizient U [W/(m²*K)]			0,69
Referenzwert der EnEV U [W/(m²*K)]			0,35

Bauteil:	Außenwand: Fachwerkkonstruktion	36
Baustoff:	Eichenfachwerk; Mauerziegel	

Schicht Nr.	Bezeichnung	λ - Wert [W/(m*K)]	Schichtdicke [cm]
1	Holztafeln	0,12	2,0
2	Lehmputz	0,80	6,0
3	Mauerziegel	0,96	11,0
4	Eichenfachwerk	0,21	18,0
5	Außenputz	0,87	2,0

Wärmedurchgangskoeffizient U [W/(m²*K)]		1,73
Referenzwert der EnEv U [W/(m²*K)]		0,35

Die U – Werte der Bauteile (36- 42) entsprechen nicht den Anforderungen der Energieeinsparverordnung, jedoch würde bei einer geforderten Dämmung Tauwasser im Bauteil entstehen.

Um die Altbausubstanz jedoch zu erhalten muß „schonend" gedämmt werden d.h es wird eine Konstruktion gewählt in der die Feuchtigkeit von innen nach außen diffundieren kann.

Die Lösung ist individuell zu treffen, so spielen
viele Faktoren hierfür eine Rolle:
Bsp. Ausrichtung, konstruktive Witterungsschutzmaßnahmen und die Ziegelgüte.

Bauteil:	Außenwand: Fachwerkkonstruktion
Baustoff:	Eichenfachwerk; Strohlehm

Schicht Nr.	Bezeichnung	λ - Wert [W/(m*K)]	Schichtdicke [cm]
1	Lehmputz	0,8	2,0
2	Strohlehm	0,6	2,0
3	Eichenfachwerk	0,21	16,0
4	Kalkputz	0,87	2,0
Wärmedurchgangskoeffizient U[W/(m²*K)]			1,65
Referenzwert der EnEv U [W/(m²*K)]			0,35

Die U – Werte der Bauteile (36- 42) entsprechen nicht den Anforderungen der Energieeinsparverordnung, jedoch würde bei einer geforderten Dämmung Tauwasser im Bauteil entstehen.

Um die Altbausubstanz jedoch zu erhalten muß „schonend" gedämmt werden d.h es wird eine Konstruktion gewählt in der die Feuchtigkeit von innen nach außen diffundieren kann.

Die Lösung ist individuell zu treffen, so spielen
viele Faktoren hierfür eine Rolle:
Bsp. Ausrichtung, konstruktive Witterungsschutzmaßnahmen und die Ziegelgüte.

| Bauteil: | Außenwand: Fachwerkkonstruktion | 38 |
| Baustoff: | Fichtenfachwerk; Strohlehm | |

Schicht Nr.	Bezeichnung	λ - Wert [W/(m*K)]	Schichtdicke [cm]
1	Innenputz	0,70	2,0
2	Vollziegelmauerwerk	0,5	16,0
3	Fichtenfachwerk	0,12	12,0
4	Außenputz	0,87	2,0
Wärmedurchgangskoeffizient U [W/(m²*K)]			1,71
Referenzwert der EnEv U [W/(m²*K)]			0,35

Die U – Werte der Bauteile (36- 42) entsprechen nicht den Anforderungen der Energieeinsparverordnung, jedoch würde bei einer geforderten Dämmung Tauwasser im Bauteil entstehen.

Um die Altbausubstanz jedoch zu erhalten muß „schonend" gedämmt werden d.h es wird eine Konstruktion gewählt in der die Feuchtigkeit von innen nach außen diffundieren kann.

Die Lösung ist individuell zu treffen, so spielen
viele Faktoren hierfür eine Rolle:
Bsp. Ausrichtung, konstruktive
Witterungsschutzmaßnahmen und die Ziegelgüte.

| Bauteil: | Außenwand: Fachwerkkonstruktion | 39 |
| Baustoff: | Eichenfachwerk; Bruchsteinmauerwerk | |

Schicht Nr.	Bezeichnung	λ - Wert [W/(m*K)]	Schichtdicke [cm]
1	Innenputz	0,70	2,0
2	Bruchsteinmauerwerk	1,4	20,0
3	Eichenfachwerk	0,21	20,0
4	Außenputz	0,87	2,0

Wärmedurchgangskoeffizient U [W/(m²*K)]	2,51
Referenzwert der EnEV U [W/(m²*K)]	0,35

Die U – Werte der Bauteile (36- 42) entsprechen nicht den Anforderungen der Energieeinsparverordnung, jedoch würde bei einer geforderten Dämmung Tauwasser im Bauteil entstehen.

Um die Altbausubstanz jedoch zu erhalten muß „schonend" gedämmt werden d.h es wird eine Konstruktion gewählt in der die Feuchtigkeit von innen nach außen diffundieren kann.

Die Lösung ist individuell zu treffen, so spielen viele Faktoren hierfür eine Rolle:
Bsp. Ausrichtung, konstruktive Witterungsschutzmaßnahmen und die Ziegelgüte.

| Bauteil: | Außenwand: Fachwerkkonstruktion | 40 |
| Baustoff: | Eichenfachwerk; Mauerziegel | |

Schicht Nr.	Bezeichnung	λ - Wert [W/(m*K)]	Schichtdicke [cm]
1	Rapputz	0,87	1,0
2	Mauerziegel	0,96	12,0
3	Eichenfachwerk	0,21	12

Wärmedurchgangskoeffizient U [W/(m²*K)]	2,96
Referenzwert der EnEV U [W/(m²*K)]	0,35

Die U – Werte der Bauteile (36- 42) entsprechen nicht den Anforderungen der Energieeinsparverordnung, jedoch würde bei einer geforderten Dämmung Tauwasser im Bauteil entstehen.

Um die Altbausubstanz jedoch zu erhalten muß „schonend" gedämmt werden d.h es wird eine Konstruktion gewählt in der die Feuchtigkeit von innen nach außen diffundieren kann.

Die Lösung ist individuell zu treffen, so spielen viele Faktoren hierfür eine Rolle:
Bsp. Ausrichtung, konstruktive Witterungsschutzmaßnahmen und die Ziegelgüte.

Bauteil:	Außenwand: Fachwerkkonstruktion
Baustoff:	Eichenfachwerk; Natursteinmauerwerk

Schicht Nr.	Bezeichnung	λ - Wert [W/(m*K)]	Schichtdicke [cm]
1	Innenputz	0,70	3,0
2	Natursteinmauerwerk	1,4	14
3	Eichenfachwerk	0,21	16
4	Außenputz	0,87	2,0

Wärmedurchgangskoeffizient U[W/(m²*K)]	2,68
Referenzwert der EnEV U[W/(m²*K)]	0,35

Die U – Werte der Bauteile (36- 42) entsprechen nicht den Anforderungen der Energieeinsparverordnung, jedoch würde bei einer geforderten Dämmung Tauwasser im Bauteil entstehen.

Um die Altbausubstanz jedoch zu erhalten muß „schonend" gedämmt werden d.h es wird eine Konstruktion gewählt in der die Feuchtigkeit von innen nach außen diffundieren kann.

Die Lösung ist individuell zu treffen, so spielen viele Faktoren hierfür eine Rolle:
Bsp. Ausrichtung, konstruktive Witterungsschutzmaßnahmen und die Ziegelgüte.

Bauteil:	Außenwand: Fachwerkkonstruktion
Baustoff:	Eichenfachwerk; Lehmziegel

Schicht Nr.	Bezeichnung	λ - Wert [W/(m*K)]	Schichtdicke [cm]
1	Innenputz	0,70	3,0
2	Rohrgeflecht	1,0	1,0
3	Lehmziegel	1,0	12,0
4	Eichenfachwerk	0,21	1,0
5	Außenputz	0,87	2,0
Wärmedurchgangskoeffizient U [W/(m²*K)]			2,58
Referenzwert der EnEV U [W/(m²*K)]			0,35

Die U – Werte der Bauteile (36- 42) entsprechen nicht den Anforderungen der Energieeinsparverordnung, jedoch würde bei einer geforderten Dämmung Tauwasser im Bauteil entstehen.

Um die Altbausubstanz jedoch zu erhalten muß „schonend" gedämmt werden d.h es wird eine Konstruktion gewählt in der die Feuchtigkeit von innen nach außen diffundieren kann.

Die Lösung ist individuell zu treffen, so spielen
viele Faktoren hierfür eine Rolle:
Bsp. Ausrichtung, konstruktive
Witterungsschutzmaßnahmen und die Ziegelgüte.

ABSCHNITT B: Dächer

Steildächer

1. Torfplatten unter den Sparren
2. Schilfrohrmatten unter den Sparren
3. Holzwolle-Leichtbauplatten unter den Sparren
4. Torfplatten zwischen den Sparren
5. Glasfasermatten zwischen den Sparren und Holzwolle-Leichtbauplatten unter den Sparren

Flachdach als Warmdach

6. Stahlbetonvollplatte mit Torfplatten
7. Porenbetonplatte, Rohdichte 700 kg/m³
8. Stahlbetonvollplatte mit Schaumkunststoff
9. Stahlbetonvollplatte mit Schaumglas
10. Holzbalken mit Schaumkunststoff auf Holzschalung

Flachdach als Kaltdach

11. Holzsparren mit Mineralfasermatten zwischen den Sparren
12. Stahlbetonvollplatte mit Korkplatten und aufgeständerter Holzkonstruktion

Bauteil:	Steildach	
Bauart:	Wärmedämmung unter den Sparren, belüftet	1

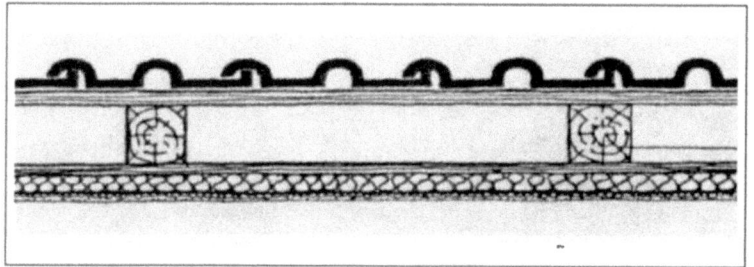

Schicht Nr.	Bezeichnung	λ - Wert [W/(m*K)]	Schichtdicke [cm]	
1	Dacheindeckung			
2	Dachlattung 3/5		3,0	
3	Luftschicht		12,0	
4	Sparren 10/12		12,0	
5	Sparschalung	0,14	2,0	
6	Torfplatten (Torfoleum) mit Pappe	0,047	3,0	4,0
7	Kalkgipsputz	0,70	1,5	
	Wärmedurchgangskoeffizient U [W/(m²*K)]		1,00	0,81
	Referenzwert der EnEV U [W/(m²*K)]		0,30	

Verbesserung des Wärmedurchgangskoeffizienten durch:

1	Dacheindeckung		
2	Dachlattung 3/5		3,0
3	Unterspannbahn		0,020
4	Luftschicht		2,0
5	Sparren 10/12	0,13	12,0
	Mineralfasermatten	0,035	10,0
6	Konterlattung	0,13	4,0
	Mineralfasermatten	0,035	4,0
7	Dampfbremse		0,030
8	Gipskartonplatte	0,25	0,95
	Wärmedurchgangskoeffizient U [W/(m²*K)]		0,28
	Referenzwert der EnEV U [W/(m²*K)]		0,30

Bauteil:	Steildach	2
Bauart:	Wärmedämmung unter den Sparren, belüftet	

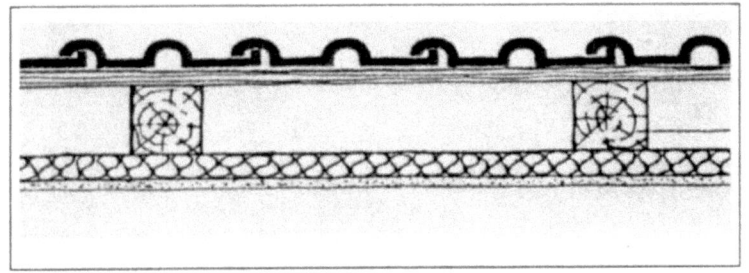

Schicht Nr.	Bezeichnung	λ - Wert [W/(m*K)]	Schichtdicke [cm]
1	Dacheindeckung		
2	Dachlattung 3/5		3,0
3	Luftschicht		14,0
4	Sparren 12/14	0,13	14,0
5	Schilfrohrmatte	0,081	5,0
6	Kalkgipsputz	0,70	1,5
	Wärmedurchgangskoeffizient U [W/(m²*K)]		1,19
	Referenzwert der EnEV U [W/(m²*K)]		0,30

Verbesserung des Wärmedurchgangskoeffizienten durch:

	Bezeichnung	λ-Wert	Schichtdicke
1	Dacheindeckung		
2	Dachlattung 3/5		3,0
3	Unterspannbahn		0,020
4	Luftschicht		2,0
5	Sparren 12/14	0,13	14,0
5	Mineralfaserdämmung	0,035	12,0
6	Konterlattung	0,13	3,0
6	Mineralfaserdämmung	0,035	3,0
7	Dampfbremse		0,030
8	Gipskartonplatte	0,25	0,95
	Wärmedurchgangskoeffizient U [W/(m²*K)]		0,26
	Referenzwert der EnEV U [W/(m²*K)]		0,30

Bauteil:	Steildach	
Bauart:	Wärmedämmung unter den Sparren, belüftet	3

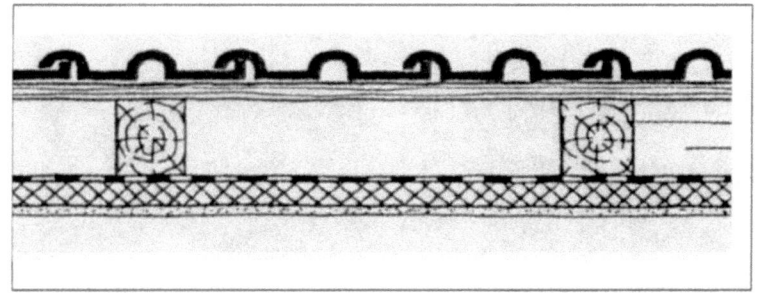

Schicht Nr.	Bezeichnung	λ - Wert [W/(m*K)]	Schichtdicke [cm]		
1	Dacheindeckung				
2	Dachlattung 3/5		3,0		
3	Luftschicht		14,0		
4	Sparren 12/14		14,0		
5	Dachpappe	0,14	0,2		
6	Holzwolle-Leichtbauplatten	0,093	3,5		
		0,081		5,0	7,5
7	Kalkgipsputz	0,70	1,5		
	Wärmedurchgangskoeffizient U [W/(m²*K)]		1,63	1,17	0,86
	Referenzwert der EnEV U [W/(m²*K)]		0,30		

Verbesserung des Wärmedurchgangskoeffizienten durch:

	Bezeichnung	λ - Wert	Schichtdicke
1	Dacheindeckung		
2	Dachlattung 3/5		3,0
3	Unterspannbahn		0,020
4	Luftschicht		2,0
5	Sparren 12/14	0,13	14,0
	Mineralfaserdämmung	0,035	12,0
6	Konterlattung	0,13	3,0
	Mineralfaserdämmung	0,035	3,0
7	Dampfbremse		0,030
8	Gipskartonplatte	0,25	0,95
	Wärmedurchgangskoeffizient U [W/(m²*K)]		0,26
	Referenzwert der EnEV U [W/(m²*K)]		0,30

Bauteil:	Steildach		4
Bauart:	Wärmedämmung zwischen den Sparren		

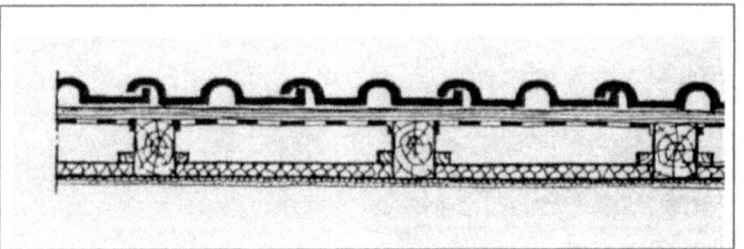

Schicht Nr.	Bezeichnung	λ - Wert [W/(m*K)]	Schichtdicke [cm]	
1	Dacheindeckung			
2	Dachlattung 24/48		2,4	
3	Dachpappe			
4	Luftschicht		9,0	8,0
5	Sparren 8/12	0,13	12,0 (anteilig)	
6	Torfplatten (Torfoleum)	0,047	3,0	4,0
7	Kalkgipsputz	0,70	1,5	
	Wärmedurchgangskoeffizient U [W/(m²*K)]		1,21	0,98
	Referenzwert der EnEV	U [W/(m²*K)]	0,30	

Verbesserung des Wärmedurchgangskoeffizienten durch:

1	Dacheindeckung		
2	Dachlattung 3/5		3,0
3	Unterspannbahn		0,020
4	Luftschicht		2,0
5	Sparren 8/ 12	0,13	12,0
	Mineralfaserdämmung	0,035	10,0
	Konterlattung	0,13	4,0
6	Mineralfaserdämmung	0,035	4,0
7	Dampfbremse		0,030
8	Gipskartonplatte	0,25	0,95
	Wärmedurchgangskoeffizient U [W/(m²*K)]		0,28
	Referenzwert der EnEV U [W/(m²*K)]		0,30

Bauteil:	Steildach	
Bauart:	Wärmedämmung zwischen und unter den Sparren	5

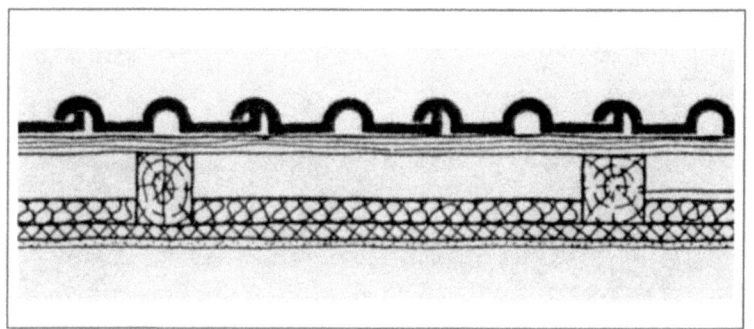

Schicht Nr.	Bezeichnung	λ - Wert [W/(m*K)]	Schichtdicke [cm]
1	Dacheindeckung		
2	Dachlattung 3/5		3,0
3	Luftschicht		8,0
4	Glasfasermatte auf Asphaltpapier	0,06	4,0
5	Sparren 10/12	0,13	12,0 (anteilig)
6	Holzwolle-Leichtbauplatten	0,093	2,5
7	Kalkgipsputz	0,70	1,5
	Wärmedurchgangskoeffizient U [W/(m²*K)]		0,88
	Referenzwert der EnEV U [W/(m²*K)]		0,30

Verbesserung des Wärmedurchgangskoeffizienten durch:

	Bezeichnung	λ - Wert	Schichtdicke
1	Dacheindeckung		
2	Dachlattung 3/5		3,0
3	Unterspannbahn		0,020
4	Luftschicht		2,0
5	Sparren 10/ 12	0,13	12,0
5	Mineralfaserdämmung	0,035	10,0
6	Konterlattung	0,13	4,0
6	Mineralfaserdämmung	0,035	4,0
7	Dampfbremse		0,030
8	Gipskartonplatte	0,25	0,95
	Wärmedurchgangskoeffizient U [W/(m²*K)]		0,28
	Referenzwert der EnEV U [W/(m²*K)]		0,30

Bauteil:	Flachdach
Bauart:	nichtbelüftetes Dach (Warmdach)

6

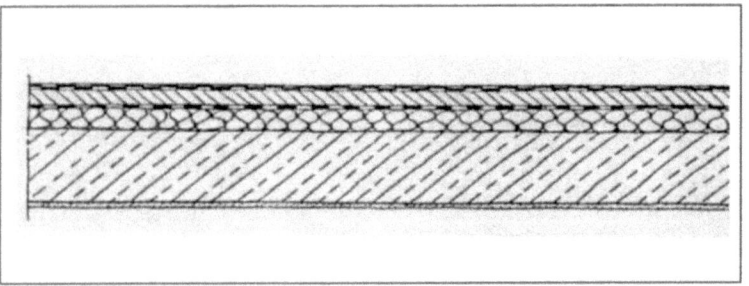

Schicht Nr.	Bezeichnung	λ - Wert [W/(m*K)]	Schichtdicke [cm]
1	2 Lagen Bitumendachbahn o.ä.		
2	Zementestrich	1,40	4,0
3	Dachpappe	0,19	0,1
4	Torfplatten (Torfoleum)	0,047	5,0
5	Stahlbetonvollplatte	2,10	18,0
6	Kalkputz	0,87	1,5
	Wärmedurchgangskoeffizient U [W/(m²*K)]		0,72
	Referenzwert der EnEv U [W/(m²*K)]		0,25

Verbesserung des Wärmedurchgangskoeffizienten durch:

1	Kiesschüttung		6,0
2	2 Lagen Bitumendachbahn	0,17	0,8
3	PS- Hartschaumplatten	0,035	15,0
4	Dampfbremse	.	0,03
5	Ausgleichsschicht	0,17	0,2
6	Voranstrich	0,17	0,2
7	Stahlbetonvollplatte	2,10	18,0
8	Kalkputz	0,87	1,5
	Wärmedurchgangskoeffizient U [W/(m²*K)]		0,22
	Referenzwert der EnEV U [W/(m²*K)]		0,25

Bauteil:	Flachdach	
Bauart:	nichtbelüftetes Dach (Warmdach)	7

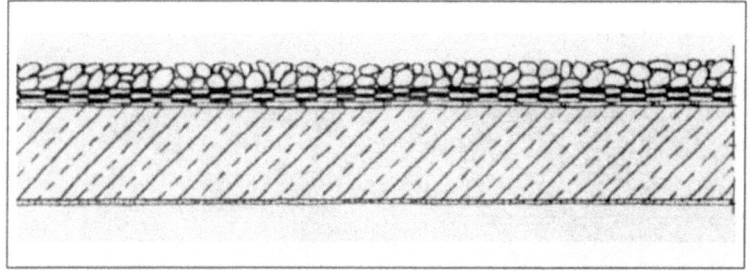

Schicht Nr.	Bezeichnung	λ - Wert [W/(m*K)]	Schichtdicke [cm]		
1	Kiesschüttung		5,0		
2	2 Lagen Bitumendachbahn o.ä.	0,17	2,0		
3	Bitumenvoranstrich und Ausgleichsschicht				
4	Porenbeton $\rho = 700$ kg/m³	0,23	15,0	17,5	20,0
5	Spachtelputz	0,70	0,5		
	Wärmedurchgangskoeffizient U [W/(m²*K)]		1,09	0,98	0,88
	Referenzwert der EnEV U [W/(m²*K)]		0,25		

Verbesserung des Wärmedurchgangskoeffizienten durch:

1	Kiesschüttung		6
2	2 Lagen Bitumendachbahn	0,17	0,8
3	PS- Hartschaumplatten	0,035	12,0
4	Dampfbremse		0,03
5	Ausgleichsschicht	0,17	0,2
6	Voranstrich	0,17	0,2
7	Porenbeton	0,23	15,0
8	Kalkputz	0,87	1,5
	Wärmedurchgangskoeffizient U [W/(m²*K)]		0,23
	Referenzwert der EnEV U [W/(m²*K)]		0,25

Bauteil:	Flachdach	
Bauart:	nichtbelüftetes Dach (Warmdach)	8

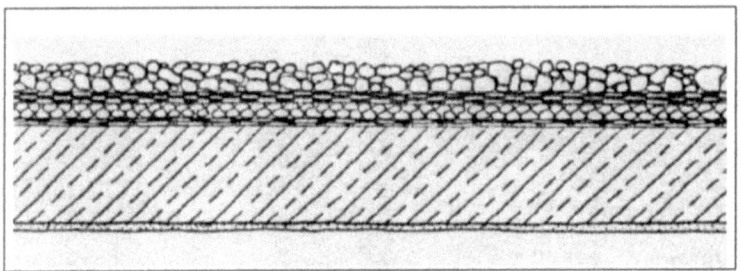

Schicht Nr.	Bezeichnung	λ - Wert [W/(m*K)]	Schichtdicke [cm]		
1	Kiesschüttung		6,0		
2	3 Lagen Bitumendachbahn o.ä.	0,17	2,0		
3	Schaumkunststoff	0,040	3,0	4,0	6,0
4	Dampfsperre	0,19	0,5		
5	Bitumenvoranstrich	0,17	0,5		
6	Stahlbetonvollplatte	2,1	18,0		
7	Kalkputz	0,87	1,5		
	Wärmedurchgangskoeffizient U [W/(m²*K)]		0,86	0,71	0,52
	Referenzwert der EnEV U [W/(m²*K)]		0,25		

Verbesserung des Wärmedurchgangskoeffizienten durch:

1	Kiesschüttung		6,0
2	2 Lagen Bitumendachbahn	0,17	0,8
3	PS- Hartschaumplatten	0,035	15,0
4	Dampfbremse		0,03
5	Ausgleichsschicht	0,17	0,2
6	Voranstrich	0,17	0,2
7	Stahlbetonvollplatte	2,10	18,0
8	Kalkputz	0,87	1,5
	Wärmedurchgangskoeffizient U [W/(m²*K)]		0,22
	Referenzwert der EnEV U [W/(m²*K)]		0,25

Bauteil:	Flachdach	
Bauart:	nichtbelüftetes Dach (Warmdach)	9

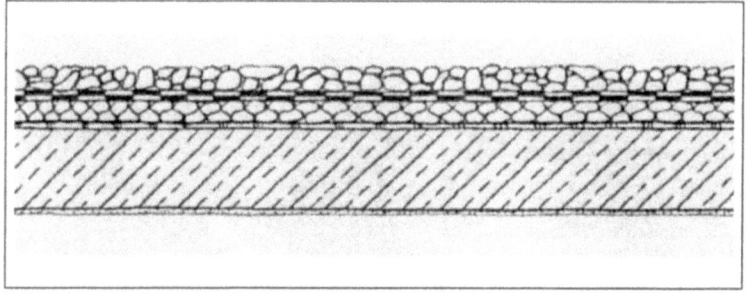

Schicht Nr.	Bezeichnung	λ - Wert [W/(m*K)]	Schichtdicke [cm]		
1	Kiesschüttung		5,0		
2	2 Lagen Bitumendachbahn o.ä.	0,17	2,0		
3	Schaumglas	0,045	1 ½ "	1 ¾ "	2 "
4	Bitumenvoranstrich	0,17	0,5		
5	Stahlbetonvollplatte	2,10	16,0		
6	Kalkzementputz	0,87	1,5		
	Wärmedurchgangskoeffizient U[W/(m²*K)]		0,82	0,73	0,66
	Referenzwert der EnEV U [W/(m²*K)]		0,25		

Verbesserung des Wärmedurchgangskoeffizienten durch:

1	Kiesschüttung		6,0
2	2 Lagen Bitumendachbahn	0,17	0,8
3	PS- Hartschaumplatten	0,035	15,0
4	Dampfbremse		0,03
5	Ausgleichsschicht	0,17	0,2
6	Voranstrich	0,17	0,2
7	Stahlbetonvollplatte	2,10	16,0
8	Kalkputz	0,87	1,5
	Wärmedurchgangskoeffizient U [W/(m²*K)]		0,22
	Referenzwert der EnEV U [W/(m²*K)]		0,25

Bauteil:	Flachdach	
Bauart:	nichtbelüftetes Dach (Warmdach)	10

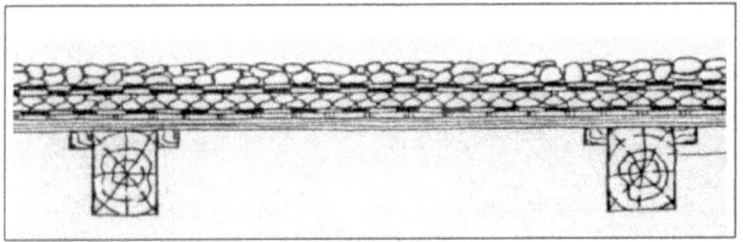

Schicht Nr.	Bezeichnung	λ - Wert [W/(m*K)]	Schichtdicke [cm]		
1	Kiesschüttung		5,0		
2	Bitumendachbahn	0,19	0,5		
3	Schaumkunststoffplatte	0,047	3,0	4,0	6,0
4	Dampfsperre	0,19	0,5		
5	Dachpappe				
6	Holzschalung	0,13	2,4		
7	Holzbalken 10/18		18,0		
	Wärmedurchgangskoeffizient U [W/(m²*K)]		0,98	0,81	0,60
	Referenzwert der EnEV U [W/(m²*K)]		0,25		

Verbesserung des Wärmedurchgangskoeffizienten durch:

1	Kiesschüttung		6
2	2 Lagen Bitumendachbahn	0,17	0,8
3	PS- Hartschaumplatten	0,035	15,0
4	Dampfbremse		0,03
5	Holzschalung	0,13	2,4
6	Holzbalken 10/18		
	Wärmedurchgangskoeffizient U [W/(m²*K)]		0,21
	Referenzwert der EnEV U [W/(m²*K)]		0,25

Bauteil:	Flachdach	
Bauart:	belüftetes Dach (Kaltdach)	11

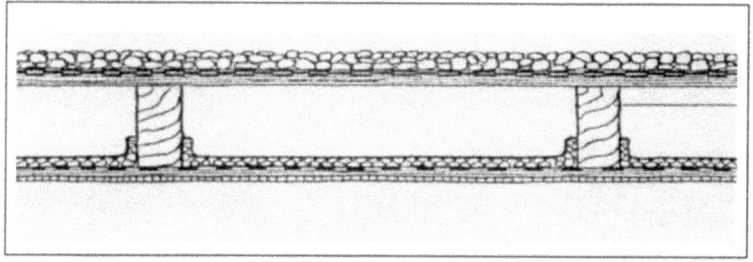

Schicht Nr.	Bezeichnung	λ - Wert [W/(m*K)]	Schichtdicke [cm]		
1	Kiesschüttung		5,0		
2	3 Lagen Bitumendachbahn		0,5		
3	Dachschalung		2,2		
4	Sparren 8/22	0,13	22,0 (anteilig)		
5	Luftschicht		19,0	18,0	16,0
6	Mineralfaserdämmstoff	0,045	3,0	4,0	6,0
7	Dampfbremse	0,19	0,2		
8	Konterlattung	0,13	2,4		
9	Gipskartonplatten	0,21	0,95		
	Wärmedurchgangskoeffizient U [W/(m²*K)]		0,98	0,81	0,61
	Referenzwert der EnEV U [W/(m²*K)]		0,25		

Verbesserung des Wärmedurchgangskoeffizienten durch:

	Bezeichnung	λ - Wert	Schichtdicke
1	Kiesschüttung		5,0
2	3 Lagen Bitumendachbahn		0,5
3	Dachschalung		2,2
	Sparren 8/22	0,13	22
	Mineralfaserdämmstoff	0,035	15
8	Konterlattung	0,13	3,0
	Mineralfaserdämmstoff	0,035	3,0
9	Dampfbremse		0,030
10	Gipskartonplatten	0,21	0,95
	Wärmedurchgangskoeffizient U [W/(m²*K)]		0,22
	Referenzwert der EnEV U[W/(m²*K)]		0,25

Bauteil:	Flachdach	
Bauart:	belüftetes Dach (Kaltdach)	12

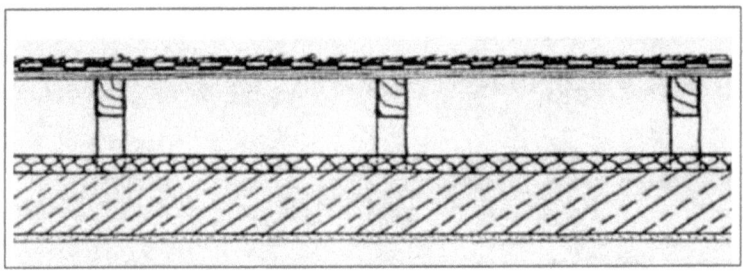

Schicht Nr.	Bezeichnung	λ - Wert [W/(m*K)]	Schichtdicke [cm]		
1	2 Lagen Bitumenpappe				
2	Holzschalung		2,0		
3	Luftschicht und Aufständerung		20,0 (anteilig)		
4	Korkplatten	0,047	3,0	4,0	6,0
5	Stahlbetonvollplatte	2,10	16,0		
6	Kalkzementputz	0,87	1,5		
	Wärmedurchgangskoeffizient U [W/(m²*K)]		1,07	0,87	0,64
	Referenzwert der EnEV U [W/(m²*K)]		0,25		

Verbesserung des Wärmedurchgangskoeffizienten durch:

1	Kiesschüttung		6,0
2	2 Lagen Bitumendachbahn	0,17	0,8
3	PS- Hartschaumplatten	0,035	15,0
4	Dampfbremse		0,03
5	Ausgleichsschicht	0,17	0,2
6	Voranstrich	0,17	0,2
7	Stahlbetonvollplatte	2,10	16,0
8	Kalkzementputz	0,87	1,5
	Wärmedurchgangskoeffizient U [W/(m²*K)]		0,24
	Referenzwert der EnEV U [W/(m²*K)]		0,25

ABSCHNITT C: Decken

1	Gemauertes Kappengewölbe
2	Balkendecke aus Stahlbetonfertigteilen mit Füllkörpern aus Ziegelsplitt
3	Stahlsteindecke aus Lochziegeln
4	Rippendecke aus Stahlbetonfertigteilen mit Füllkörpern aus Bimsbeton
5	Stahlbetonrippendecke mit Füllkörpern aus Bimsbeton
6	Stahlbetonvollplatte mit Torfplatten und Hobeldielen
7	Stahlbetonvollplatte mit Mineralfasermatte und Magnesit-Estrich
8	Stahlbetonvollplatte mit Faserdämmfilz und Gußasphalt
9	Holzbalkendecke mit Lehmwickel und Lehmschlag
10	Holzbalkendecke mit Füllung aus Sand, Steinkohlenschlacke oder Strohlehm
11	Holzbalkendecke mit Lehmschlag auf Lehmglattstrich
12	Holzbalkendecke mit Lehmschlag und Sandfüllung
13	Holzbalkendecke mit Lehmglattstrich und Koksasche
14	Sichtbare Holzbalkendecke mit Holzschalung und Mineralfasermatten zwischen den Sparren
15	Stahlbetonvollplatte mit Magnesit-Estrich
16	Stahlbetonvollplatte mit Zement-Estrich
17	Stahlträgerdecke mit Stahlbetonhohldielen

Bauteil:	Decke - Kellerdecke	1
Bauart:	Gemauertes Kappengewölbe	

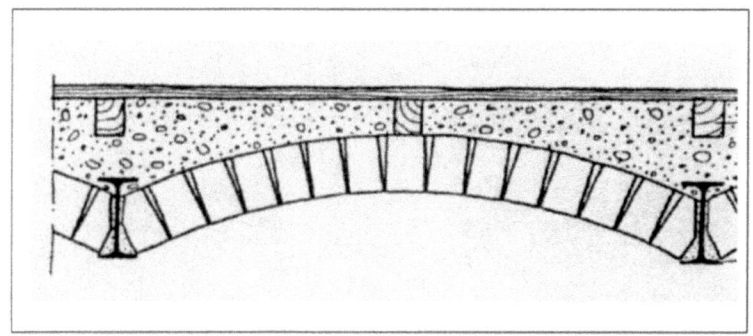

Schicht Nr.	Bezeichnung	λ - Wert [W/(m*K)]	Schichtdicke [cm]
1	Hobeldielen	0,13	2,5
2	Steinkohleschlackefüllung	0,19	8,0-20,0
3	Lagerhölzer	0,13	8,0
4	Gemauertes Kappengewölbe (Vollziegel)	0,96	12,0
5	Stahlträger I 180	60,0	18,0
	Wärmedurchgangskoeffizient U [W/(m²*K)]		0,77
	Referenzwert der EnEV U [W/(m²*K)]		0,40

Verbesserung des Wärmedurchgangskoeffizienten durch:

1	Hobeldielen	0,13	2,5
2	Steinkohleschlackefüllung	0,19	8,0-20,0
3	Lagerhölzer	0,13	8,0
4	Gemauertes Kappengewölbe (Vollziegel)	0,96	12,0
5	Stahlträger I 180	60,0	18,0
6	Mineralfaserdämmung	0,035	10,0
	Wärmedurchgangskoeffizient U [W/(m²*K)]		0,25
	Referenzwert der EnEV U [W/(m²*K)]		0,40

Bauteil:	Decke - Kellerdecke	
Bauart:	Balkendecke aus Stahlbetonfertigteilen mit Füllkörpern aus Ziegelsplitt	2

Schicht Nr.	Bezeichnung	λ - Wert [W/(m*K)]	Schichtdicke [cm]	
1	Parkett auf Bitumenpappe	0,20	2,4	
2	Holzwolle-Leichtbauplatte	0,09	2,5	
3	Mineralfaserdämmatte	0,04	1,0	
4	Balkendecke mit Füllkörpern	0,83	20,0	
		0,86		24,0
5	Kalkgipsputz	0,70	1,5	
Wärmedurchgangskoeffizient U [W/(m²*K)]			0,80	0,78
Referenzwert der EnEV U [W/(m²*K)]			0,40	

Verbesserung des Wärmedurchgangskoeffizienten durch:

1	Parkett auf Bitumenpappe	0,20	2,4	
2	Holzwolle-Leichtbauplatte	0,09	2,5	
3	Mineralfaserdämmatte	0,04	1,0	
4	Balkendecke mit Füllkörpern	0,83	20,0	
		0,86		24,0
5	Kalkgipsputz	0,70	1,5	
6	PS -Hartschaum	0,035	8,0	
Wärmedurchgangskoeffizient U [W/(m²*K)]			0,28	0,28
Referenzwert der EnEV U [W/(m²*K)]			0,40	

Bauteil:	Decke - Kellerdecke
Bauart:	Stahlsteindecke aus Lochziegeln

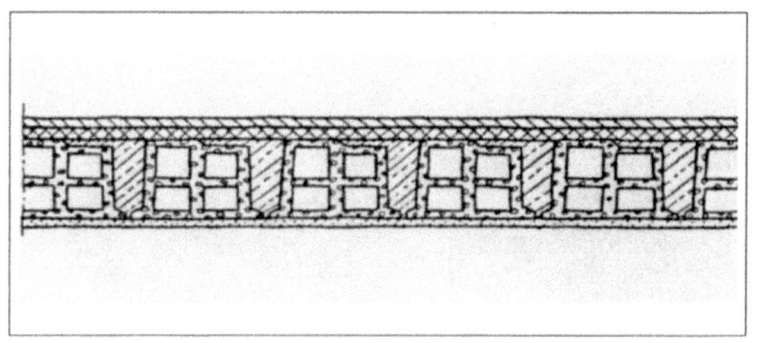

Schicht Nr.	Bezeichnung	λ - Wert [W/(m*K)]	Schichtdicke [cm]		
1	Steinholz	0,47	2,0		
2	Holzwolle-Leichtbauplatte	0,09	2,5		
3	Mineralfaserdämmatte	0,04	1,0		
4	Ziegeldecke	0,79	19,0		
		0,87		22,5	
		0,86			24,0
5	Kalkgipsputz	0,70	1,5		
Wärmedurchgangskoeffizient U [W/(m²*K)]			1,08	1,06	1,04
Referenzwert der EnEV U [W/(m²*K)]			0,4		

Verbesserung des Wärmedurchgangskoeffizienten durch:

Schicht Nr.	Bezeichnung	λ - Wert [W/(m*K)]	Schichtdicke [cm]		
1	Steinholz	0,47	2,0		
2	Holzwolle-Leichtbauplatte	0,09	2,5		
3	Mineralfaserdämmatte	0,04	1,0		
4	Ziegeldecke	0,79	19,0		
		0,87		22,5	
		0,86			24,0
5	Kalkgipsputz	0,70	1,5		
6	PS -Hartschaum	0,035	6,0		
Wärmedurchgangskoeffizient U [W/(m²*K)]			0,35	0,34	0,34
Referenzwert der EnEV U [W/(m²*K)]			0,4		

Bauteil:	Decke - Kellerdecke	4
Bauart:	Rippendecke aus Stahlbetonfertigteilen mit Füllkörpern aus Bimsbeton	

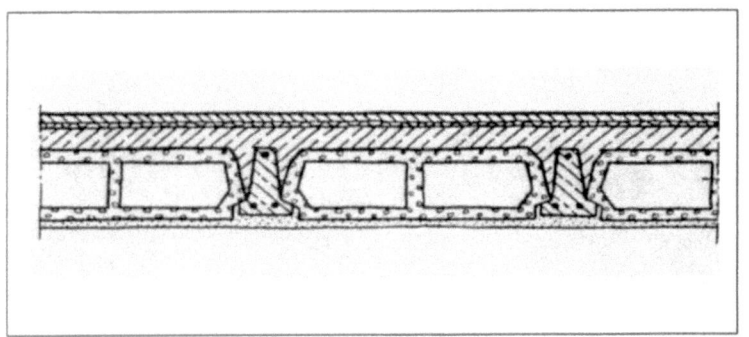

Schicht Nr.	Bezeichnung	λ - Wert [W/(m*K)]	Schichtdicke [cm]		
1	Linoleum	0,17	0,25		
2	Gußasphaltestrich	0,90	2,0		
3	Mineralfaserdämmatte	0,04	1,0		
4	Rippendecke mit Füllkörpern, Aufbeton und Putz	0,66	19,0		
		0,68		21,0	
		0,72			23,0
	Wärmedurchgangskoeffizient U [W/(m²*K)]		1,09	1,07	1,06
	Referenzwert der EnEV U [W/(m²*K)]		0,40		

Verbesserung des Wärmedurchgangskoeffizienten durch:

1	Linoleum	0,17	0,25		
2	Gußasphaltestrich	0,90	2,0		
3	Mineralfaserdämmatte	0,04	1,0		
4	Rippendecke mit Füllkörpern, Aufbeton und Putz	0,66	19,0		
		0,68		21,0	
		0,72			23,0
5	PS -Hartschaumplatte	0,035	6,0		
	Wärmedurchgangskoeffizient U [W/(m²*K)]		0,38	0,38	0,37
	Referenzwert der EnEV U [W/(m²*K)]		0,40		

Bauteil:	Decke - Kellerdecke	5
Bauart:	Stahlbetonrippendecke mit Füllkörpern aus Bimsbeton	

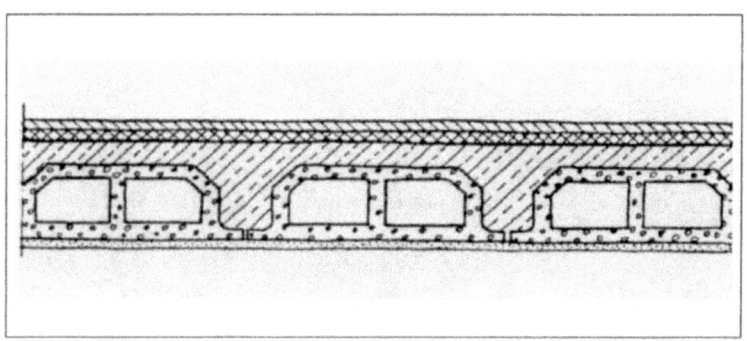

Schicht Nr.	Bezeichnung	λ - Wert [W/(m*K)]	Schichtdicke [cm]		
1	Steinholz	0,47	0,25		
2	Holzwolle-Leichtbauplatten	0,09	2,5		
3	Rippendecke mit Füllkörpern, Aufbeton und Putz	0,66	19,0		
		0,68		21,0	
		0,72			23,0
	Wärmedurchgangskoeffizient U [W/(m²*K)]		1,1	1,07	1,06
	Referenzwert der EnEV U [W/(m²*K)]		0,40		

Verbesserung des Wärmedurchgangskoeffizienten durch:

1	Steinholz	0,47	0,25		
2	Holzwolle-Leichtbauplatten	0,09	2,5		
3	Rippendecke mit Füllkörpern, Aufbeton und Putz	0,66	19,0		
		0,68		21,0	
		0,72			23,0
4	PS -Hartschaumplatte	0,035	6,0		
	Wärmedurchgangskoeffizient U [W/(m²*K)]		0,38	0,38	0,37
	Referenzwert der EnEV U [W/(m²*K)]		0,40		

Bauteil:	Decke - Kellerdecke	6
Bauart:	Stahlbetonvollplatte	

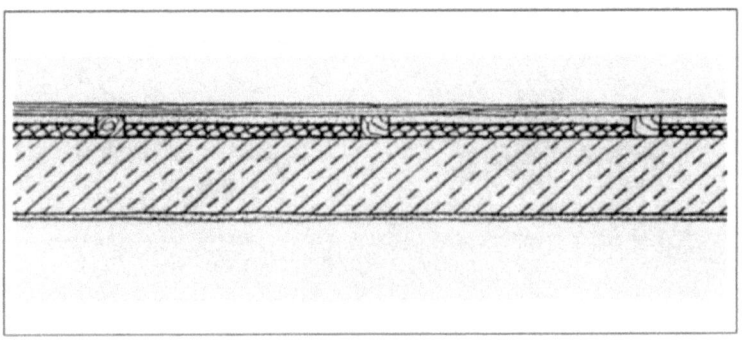

Schicht Nr.	Bezeichnung	λ - Wert [W/(m*K)]	Schichtdicke [cm]
1	Hobeldielen	0,13	2,5
2	Lagerhölzer	0,13	5,0
3	Sand	0,70	2,0
4	Torfplatten (Torfoleum)	0,047	3,0
5	Stahlbetonvollplatte	2,1	16,0
6	Kalkzementputz	0,87	1,5
	Wärmedurchgangskoeffizient U [W/(m²*K)]		0,81
	Referenzwert der EnEV U [W/(m²*K)]		0,40

Verbesserung des Wärmedurchgangskoeffizienten durch:

1	Hobeldielen	0,13	2,5
2	Lagerhölzer	0,13	5,0
3	Sand	0,70	2,0
4	Torfplatten (Torfoleum)	0,047	3,0
5	Stahlbetonvollplatte	2,1	16,0
6	Kalkzementputz	0,87	1,5
7	PS -Hartschaum	0,035	6,0
	Wärmedurchgangskoeffizient U [W/(m²*K)]		0,34
	Referenzwert der EnEV U [W/(m²*K)]		0,40

Bauteil:	Decke - Kellerdecke	7
Bauart:	Stahlbetonvollplatte	

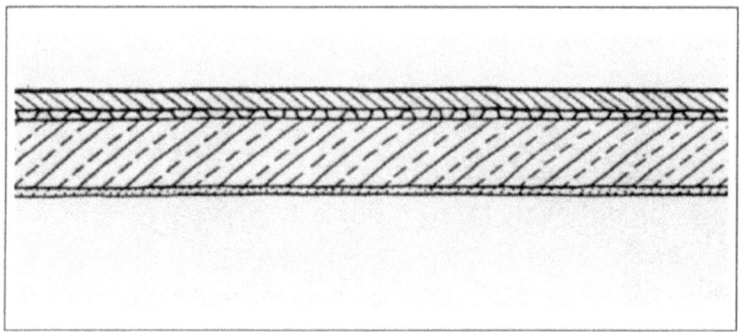

Schicht Nr.	Bezeichnung	λ - Wert [W/(m*K)]	Schichtdicke [cm]
1	Linoleum	0,17	0,25
2	Magnesit-Estrich	0,70	4,0
3	Mineralfasermatte	0,04	2,0
4	Stahlbetonvollplatte	2,1	15,0
5	Kalkgipsputz	0,70	1,5
	Wärmedurchgangskoeffizient U [W/(m²*K)]		1,0
	Referenzwert der EnEV U [W/(m²*K)]		0,40

Verbesserung des Wärmedurchgangskoeffizienten durch:

1	Linoleum	0,17	0,25
2	Magnesit-Estrich	0,70	4,0
3	Mineralfasermatte	0,04	2,0
4	Stahlbetonvollplatte	2,1	15,0
5	Kalkgipsputz	0,70	1,5
6	PS -Hartschaumplatte	0,035	6,0
	Wärmedurchgangskoeffizient U [W/(m²*K)]		0,37
	Referenzwert der EnEV U [W/(m²*K)]		0,40

| Bauteil: | Decke - Kellerdecke | 8 |
| Bauart: | Stahlbetonvollplatte | |

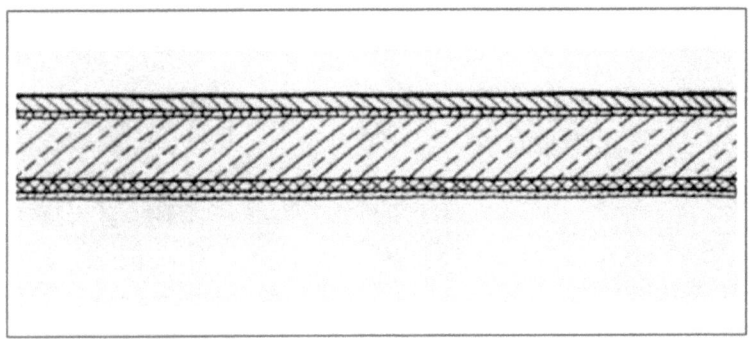

Schicht Nr.	Bezeichnung	λ - Wert [W/(m*K)]	Schichtdicke [cm]
1	Linoleum	0,17	0,25
2	Gußasphalt-Estrich	0,90	3,0
3	Mineralfasermatte	0,04	1,5
4	Stahlbetonvollplatte	2,1	14,0
5	Holzwolle-Leichtbauplatte	0,09	2,5
6	Kalkputz	0,87	1,5
	Wärmedurchgangskoeffizient U [W/(m²*K)]		0,89
	Referenzwert der EnEV U [W/(m²*K)]		0,40

Verbesserung des Wärmedurchgangskoeffizienten durch:

1	Linoleum	0,17	0,25
2	Gußasphalt-Estrich	0,90	3,0
3	Mineralfasermatte	0,04	1,5
4	Stahlbetonvollplatte	2,1	14,0
5	Holzwolle-Leichtbauplatte	0,09	2,5
6	Kalkputz	0,87	1,5
7	PS -Hartschaumplatte	0,035	6,0
	Wärmedurchgangskoeffizient U [W/(m²*K)]		0,35
	Referenzwert der EnEV U [W/(m²*K)]		0,40

Bauteil:	Decke – unter nicht ausgebautem Dachgeschoß	9
Bauart:	Holzbalkendecke	

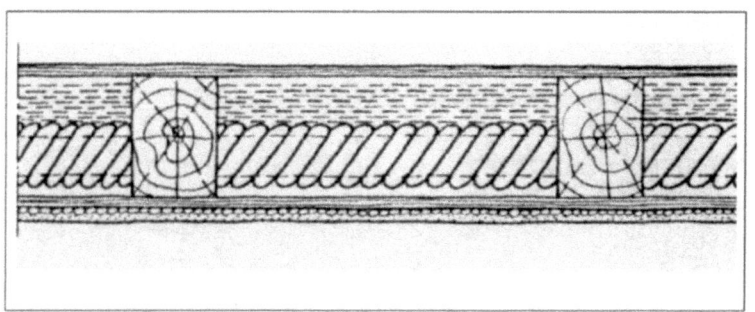

Schicht Nr.	Bezeichnung	λ - Wert [W/(m*K)]	Schichtdicke [cm]	
1	Hobeldielen	0,13	2,4	
2	Stroh-Lehmschlag	0,70	10,0	
	Sand	0,58		10,0
3	Lehmwickel auf Stakung	0,47	14,0	
4	Luftschicht		2,0	
5	Deckenbalken 16/26	0,13	26,0	
6	Holzschalung	0,13	2,2	
7	Putz auf Rohrmatten	0,465	2,5	
	Wärmedurchgangskoeffizient U [W/(m²*K)]		0,76	0,74
	Referenzwert der EnEV U [W/(m²*K)]		0,30	

Verbesserung des Wärmedurchgangskoeffizienten durch:

1	Hobeldielen	0,13	2,4
2	Deckenbalken 16/26	0,13	26,0
3	Mineralfaserdämmung	0,035	15,0
4	Holzschalung	0,13	2,2
5	Putz auf Rohrmatten	0,465	2,5
	Wärmedurchgangskoeffizient U [W/(m²*K)]		0,27
	Referenzwert der EnEV U [W/(m²*K)]		0,30

| Bauteil: | Decke – unter nicht ausgebautem Dachgeschoß | 10 |
| Bauart: | Holzbalkendecke | |

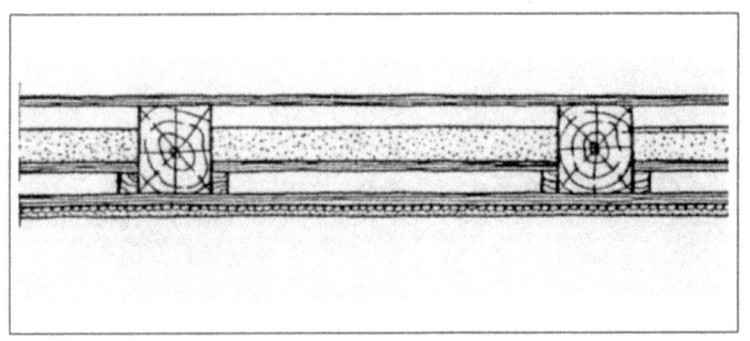

Schicht Nr.	Bezeichnung	λ - Wert [W/(m*K)]	Schichtdicke [cm]		
1	Hobeldielen	0,13	2,4		
2	Luftschicht		2 x 5,0		
3	Sand	0,58	8,0		
	Steinkohlenschlacke	0,19		8,0	
	Strohlehm	0,70			8,0
4	Schwartenbretter	0,13	2,0		
5	Deckenbalken 14/20	0,13	20,0		
6	Holzschalung	0,13	2,2		
7	Putz auf Rohrgewebe	0,465	2,5		
	Wärmedurchgangskoeffizient U [W/(m²*K)]		0,87	0,70	0,89
	Referenzwert der EnEV U [W/(m²*K)]		0,30		

Verbesserung des Wärmedurchgangskoeffizienten durch:

1	Hobeldielen	0,13	2,4
2	Mineralfaserdämmung	0,035	13,0
4	Schwartenbretter	0,13	2,0
5	Luftschicht		5,0
5	Deckenbalken 14/20	0,13	20,0
6	Holzschalung	0,13	2,2
7	Putz auf Rohrgewebe	0,465	2,5
	Wärmedurchgangskoeffizient U [W/(m²*K)]		0,29
	Referenzwert der EnEV U [W/(m²*K)]		0,30

Bauteil:	Decke – unter nicht ausgebautem Dachgeschoß	11
Bauart:	Holzbalkendecke	

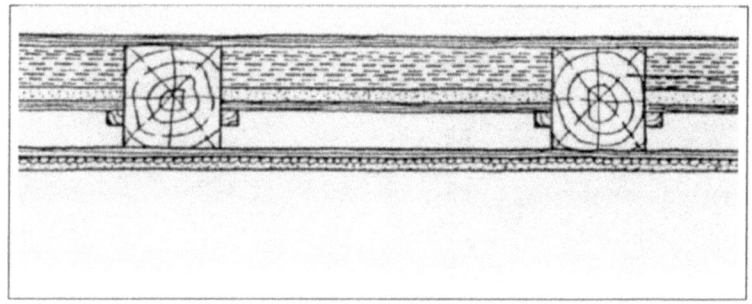

Schicht Nr.	Bezeichnung	λ - Wert [W/(m*K)]	Schichtdicke [cm]
1	Hobeldielen	0,13	2,4
2	Lehmschlag	0,70	10,0
3	Lehmglattstrich	0,93	2,0
4	Schwartenbretter	0,13	2,0
5	Luftschicht		8,0
6	Deckenbalken 18/22	0,13	22,0
7	Holzschalung	0,13	2,0
8	Putz auf Rohrgewebe	0,465	2,5
	Wärmedurchgangskoeffizient U [W/(m²*K)]		0,86
	Referenzwert der EnEV U [W/(m²*K)]		0,30

Verbesserung des Wärmedurchgangskoeffizienten durch:

1	Hobeldielen	0,13	2,4
2	Lehmschlag	0,70	10,0
3	Lehmglattstrich	0,93	2,0
4	Schwartenbretter	0,13	2,0
5	Zellulose Einblasdämmung	0,04	8,0
6	Deckenbalken 18/22	0,13	22,0
7	Holzschalung	0,13	2,0
8	Putz auf Rohrgewebe	0,465	2,5
	Wärmedurchgangskoeffizient U [W/(m²*K)]		0,31
	Referenzwert der EnEV U [W/(m²*K)]		0,30

* Das zerstörungsarme Verfahren der Einblasdämmung wurde gewählt, um aus Wirtschaftlichkeitsgründen den Rückbau der konstruktion zu vermeiden.

| Bauteil: | Decke – unter nicht ausgebautem Dachgeschoß | 12 |
| Bauart: | Holzbalkendecke | |

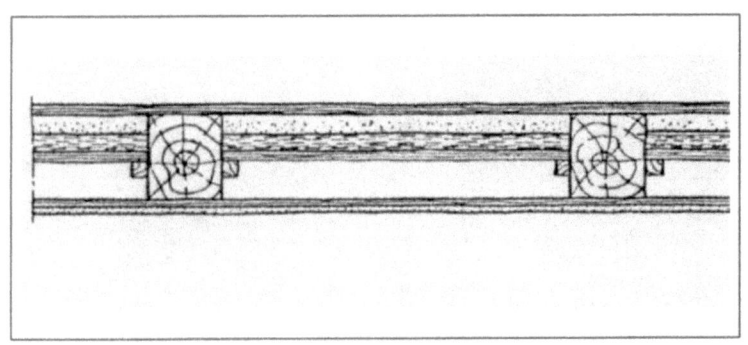

Schicht Nr.	Bezeichnung	λ - Wert [W/(m*K)]	Schichtdicke [cm]	
1	Hobeldielen	0,13	2,4	
2	Sand	0,58	4,0	8,0
3	Lehmschlag (Strohlehm)	0,70	4,0	2,0
4	Schwartenbretter	0,13	2,0	
5	Luftschicht		8,0	6,0
6	Deckenbalken 14/18	0,13	18,0	
7	Spalierlatten	0,13	1,5	
8	Kalkputz	0,87	1,5	
	Wärmedurchgangskoeffizient U [W/(m²*K)]		0,97	0,93
	Referenzwert der EnEV U [W/(m²*K)]		0,30	

Verbesserung des Wärmedurchgangskoeffizienten durch:

1	Spanplatte	0,13	1,9	
2	Konstruktionholz als Aufdoppelung	0,13	7,0	5,0
3	Mineralfaserdämmung	0,035	15,0	
4	Schwartenbretter	0,13	2,0	
5	Luftschicht		8,0	6,0
6	Deckenbalken 14/18	0,13	18,0	
7	Spalierlatten	0,13	1,5	
8	Kalkputz	0,87	1,5	
	Wärmedurchgangskoeffizient U [W/(m²*K)]		0,26	0,26
	Referenzwert der EnEV U [W/(m²*K)]		0,30	

Bauteil:	Decke – unter nicht ausgebautem Dachgeschoß	13
Bauart:	Holzbalkendecke	

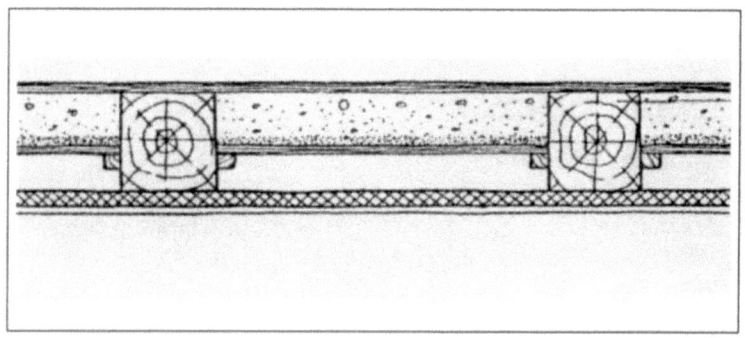

Schicht Nr.	Bezeichnung	λ - Wert [W/(m*K)]	Schichtdicke [cm]	
1	Hobeldielen	0,13	2,4	
2	Lehmglattstrich und Koksasche	0,47		12,0
	Lehmglattstrich	0,93	12,0	
3	Schwartenbretter	0,13	2,0	
4	Luftschicht		8,0	
5	Deckenbalken 18/22	0,13	22,0	
6	Holzwolle-Leichtbauplatten	0,093	2,5	3,5
7	Kalkgipsputz	0,70	1,5	
	Wärmedurchgangskoeffizient U [W/(m²*K)]		0,83	0,7
	Referenzwert der EnEV U [W/(m²*K)]		0,30	

Verbesserung des Wärmedurchgangskoeffizienten durch:

1	Hobeldielen	0,13	2,4	
2	Zellulosefasern	0,04	12,0	
3	Schwartenbretter	0,13	2,0	
4	Luftschicht		8,0	
5	Deckenbalken 18/22	0,13	22,0	
6	Holzwolle-Leichtbauplatten	0,093	2,5	3,5
7	Kalkgipsputz	0,70	1,5	
	Wärmedurchgangskoeffizient U [W/(m²*K)]		0,29	0,28
	Referenzwert der EnEV U [W/(m²*K)]		0,30	

Bauteil:	Decke – Kellerdecke	14
Bauart:	Holzbalkendecke	

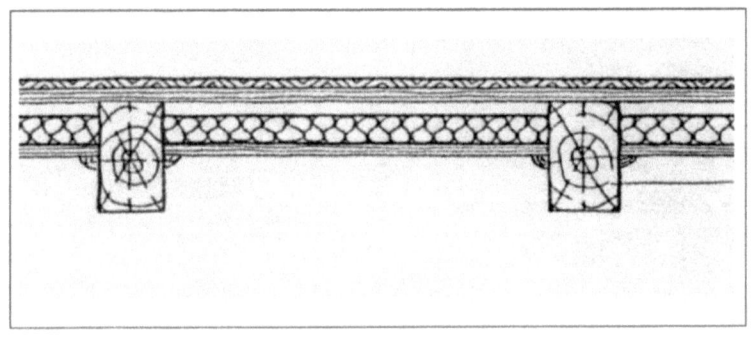

Schicht Nr.	Bezeichnung	λ - Wert [W/(m*K)]	Schichtdicke [cm]	
1	Parkett (Hartholz)	0,233	2,3	
2	Blindboden	0,13	2,4	
3	Luftschicht		5,0	3,0
4	Mineralfaserdämmstoff	0,06	4,0	6,0
5	Holzschalung	0,13	2,4	
6	Deckenbalken 12/24	0,13	24,0 (anteilig)	
Wärmedurchgangskoeffizient U [W/(m²*K)]			0,63	0,54
Referenzwert der EnEV U [W/(m²*K)]			0,40	

Verbesserung des Wärmedurchgangskoeffizienten durch:

1	Parkett (Hartholz)	0,23	2,3	
2	Blindboden	0,13	2,4	
3	Luftschicht		5,0	3,0
4	Mineralfaserdämmstoff	0,06	4,0	6,0
5	Holzschalung	0,13	2,4	
6	Mineralfaserdämmung	0,035	12,0	
7	Deckenbalken 12/24	0,13	24,0 (anteilig)	
8	Konterlattung 3/5	0,13	3,0	
9	Gipskartonplatten	0,25	0,95	
Wärmedurchgangskoeffizient U [W/(m²*K)]			0,25	0,24
Referenzwert der EnEV U [W/(m²*K)]			0,40	

| Bauteil: | Decke – unter nicht ausgebautem Dachgeschoß | 15 |
| Bauart: | Stahlbetonvollplatte | |

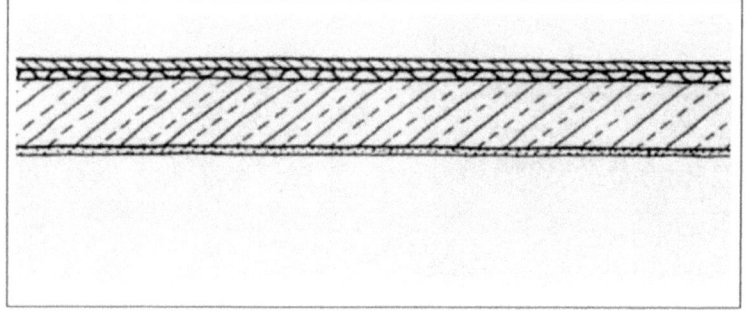

Schicht Nr.	Bezeichnung	λ - Wert [W/(m*K)]	Schichtdicke [cm]
1	Magnesit-Estrich	0,70	2,5
2	Mineralfasermatte	0,04	2,0
3	Stahlbetonvollplatte	2,10	15,0
4	Kalkgipsputz	0,70	1,5
	Wärmedurchgangskoeffizient U [W/(m²*K)]		1,21
	Referenzwert der EnEV U [W/(m²*K)]		0,30

Verbesserung des Wärmedurchgangskoeffizienten durch:

1	PS -Hartschaum	0,035	10,0
2	Magnesit-Estrich	0,70	2,5
3	Mineralfasermatte	0,04	2,0
4	Stahlbetonvollplatte	2,10	15,0
5	Kalkgipsputz	0,70	1,5
	Wärmedurchgangskoeffizient U [W/(m²*K)]		0,27
	Referenzwert der EnEV U [W/(m²*K)]		0,30

Bauteil:	Decke – unter nicht ausgebautem Dachgeschoß	16
Bauart:	Stahlbetonvollplatte	

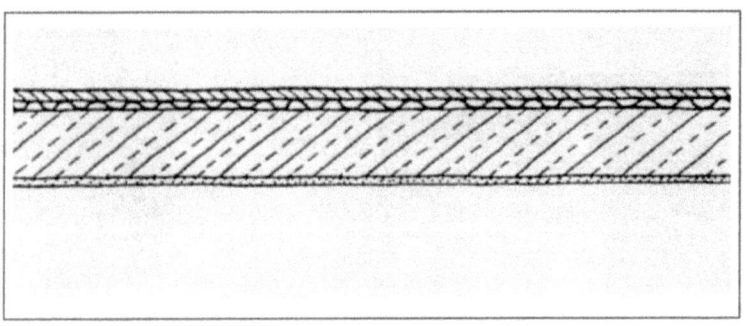

Schicht Nr.	Bezeichnung	λ - Wert [W/(m*K)]	Schichtdicke [cm]
1	Zement-Estrich	1,40	3,5
2	Mineralfasermatte	0,04	1,5
3	Stahlbetonvollplatte	2,10	14,0
4	Kalkgipsputz	0,70	1,5
	Wärmedurchgangskoeffizient U [W/(m²*K)]		1,45
	Referenzwert der EnEV U [W/(m²*K)]		0,30

Verbesserung des Wärmedurchgangskoeffizienten durch:

1	PS -Hartschaum	0,035	10
2	Zement-Estrich	1,40	3,5
3	Mineralfasermatte	0,04	1,5
4	Stahlbetonvollplatte	2,10	14,0
5	Kalkgipsputz	0,70	1,5
	Wärmedurchgangskoeffizient U [W/(m²*K)]		0,28
	Referenzwert der EnEV U [W/(m²*K)]		0,30

Bauteil:	Decke – unter nicht ausgebautem Dachgeschoß	17
Bauart:	Stahlträgerdecke mit Stahlbetonhohldielen	

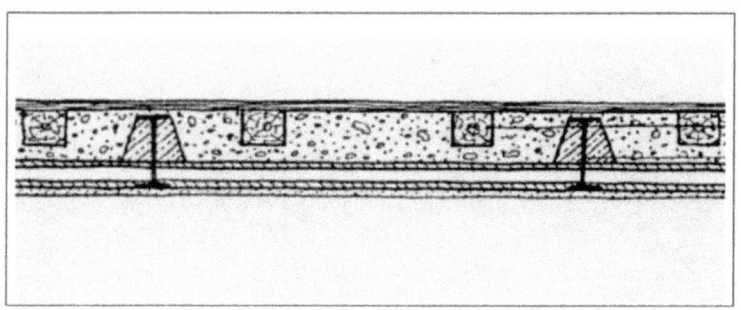

Schicht Nr.	Bezeichnung	λ - Wert [W/(m*K)]	Schichtdicke [cm]		
1	Hobeldielen	0,13	2,2		
3	Lagerhölzer	0,13	8,0	7,0	5,0
2	Koksschlackenfüllung		11,0	9,5	7,5
4	Stahlträger I 160	0,65 (11,0+ 6,5)	16,0		
5	Stahlbetonhohldielen	0,70 (9,5+ 8,0) 0,73 (7,5+10,0)	6,5	8,0	10,0
6	Kalkgipsputz		1,5		
	Wärmedurchgangskoeffizient U [W/(m²*K)]		1,33	1,36	1,39
	Referenzwert der EnEV U [W/(m²*K)]		0,30		

Verbesserung des Wärmedurchgangskoeffizienten durch:

1	Spanplatte	0,13	1,9		
2	Mineralfaserdämmung	0,035	12,0		
3	Lagerhölzer	0,13	12,0		
4	Hobeldielen	0,13	2,2		
3	Lagerhölzer	0,13	8,0	7,0	5,0
2	Koksschlackenfüllung		11,0	9,5	7,5
4	Stahlträger I 160	0,65 (11,0+ 6,5)	16,0		
5	Stahlbetonhohldielen	0,70 (9,5+ 8,0) 0,73 (7,5+10,0)	6,5	8,0	10,0
6	Kalkgipsputz		1,5		
	Wärmedurchgangskoeffizient U [W/(m²*K)]		0,25	0,25	0,25
	Referenzwert der EnEV U [W/(m²*K)]		0,30		

Literaturverzeichnis

Fachbücher, Fachaufsätze und Forschungsberichte

1		Normteile für den Wohnungsbau, Bauen in Schleswig-Holstein, Veröffentlichungen der Abteilung Bau-, Wohnungs- und Kleinsiedlungswesen im Ministerium für Arbeit, Soziales und Vertriebene, Heft 14, Kiel 1951
2		Außenwände – Luftschichten und Feuchtigkeitsverteilung –, Berichte aus der Bauforschung, Verlag Wilhelm Ernst & Sohn, Berlin 1959
3		Gemauerte Wände, Berichte aus der Bauforschung, Verlag Wilhelm Ernst & Sohn, Berlin 1959
4		Wärmeschutz - Feuchtigkeit, Dampfdiffusion und Tauwasserbildung, Wärmeleitfähigkeit von Baustoffen – Berichte aus der Bauforschung, Verlag Wilhelm Ernst & Sohn, Berlin 1962
5		Flachdächer im Wohnungsbau – Hinweise für Planung und Ausführung – FBW-Blätter 4/5 August bis Oktober 1962, Forschungsgemeinschaft Bauen und Wohnen, Stuttgart 1962
6		Ziegel-Bautaschenbuch 1961, Krausskopf-Verlag, Wiesbaden 1960
7		Ziegel 1967/68, Hrsg.: Bundesverband der Deutschen Ziegelindustrie e.V., Bonn 1966
8		Kalksandsteinbau, Hrsg.: Bundesverband Kalksandsteinindustrie e.V., Hannover 1964
9		Leichtbauplatten-Fibel, Hrsg.: Bundesverband Leichtbauplatten, München 1970
10		Fassadenbekleidung mit keramischen Spaltplatten, Hrsg.: Fachverband Keramische Spaltplatten und Baukeramik e.V., Wiesbaden, Fachverband des Deutschen Fliesengewerbes im Zentralverband des Deutschen Baugewerbes e.V., Bonn 1968
11		Rheinische Bimsbaustoffe – Entstehung und Entwicklung der rheinischen Bimsbaustoffindustrie -, Hrsg.: Verband rheinischer Bimsbaustoffwerke e.V., Bauverlag GmbH, Wiesbaden – Berlin 1976
12		Glasstein – Glassteinarchitektur Technisches Handbuch, Hrsg.: IDG Informationsdienst der Glasstein-Hersteller: Gerresheimer Glas AG, Vereinigte Glaswerke GmbH, J. Weck GmbH & Co., Westerwald AG für Silikatindustrie, o.J.
13		Wege zum wirtschaftlichen Bauen, Niedersächsisches Institut für Bauforschung Hannover 1948, Arbeiten und Ergebnisse 1946 - 1947

14		Die Dachpappendeckung, Hrsg.: Verband der Dachpappen-Industrie e.V., ABC der Dachpappe, Heft 3 Wiesbaden 1954
15	Arnold, W.:	Das moderne Flachdach, Fachverlag Schiele & Sohn GmbH, Berlin 1965
16	Braun, G.:	Versuchs- und Vergleichsbauten des Bundesministeriums für Wohnungsbau, Erfahrungen über Einfamilien-Reihenhäuser, Ergebnisse der Ländervergleichsbauten 1955 – 1957, Institut für Bauforschung e.V., Hannover
17	Braun, G.:	Die Massivdecken-Ausschreibung 1946/47, Niedersächsisches Institut für Bauforschung Hannover, Berichte und Arbeitsergebnisse Band 7 1948
18	Braun, G.:	Kostenvergleich der verschiedenen Deckensysteme aus Holz, Stahl und Stahlbeton, Sonderdruck aus "Die Bauwirtschaft" Nr. 31/55
19	Braun,G.:	Versuchs- und Vergleichsbauten des Bundesministeriums für Wohnungsbau, Erfahrungen und Ergebnisse der Ländervergleichsbauten 1954/55 und Vergleich zu den Bauten 1952/53, Bericht des Bundesministeriums für Wohnungsbau 1957
20	Brennecke, Folkerts Haferland, Hart:	Dachatlas, Institut für internationale Architektur-Dokumentation GmbH, München 1980
21	Deininger, K.; Gösele, K.; Schüle, W.:	Massivdecken im Wohnungsbau – Grundformen, schall- und wärmetechnisches Verhalten -, Forschungsgemeinschaft Bauen und Wohnen, Stuttgart 1956
22	Ebinghaus, H.:	Das Zimmerhandwerk, 3., neubearbeitete Auflage, Fachbuchverlag Dr. Pfanneberg & Co., Gießen 1954
23	Eichler, F.	Bauphysikalische Entwurfslehre, VEB-Verlag für Bauwesen Berlin, o.J.
24	Frick-Knöll/ Neumann:	Baukonstruktionslehre, Teil 1, Teubner-Verlag, Stuttgart 1968
25	Frick-Knöll/ Neumann:	Baukonstruktionslehre, Teil 2, Teubner-Verlag, Stuttgart 1968
26	Frick-Knöll:	Baukonstruktionslehre, Teil 1, 14. Auflage, Teubner-Verlag, Leipzig und Berlin 1940
27	Frick-Knöll:	Baukonstruktionslehre, Teil 2, 13. Auflage, Teubner-Verlag, Leipzig und Berlin 1942
28	Hart, F.; Bodenberger, E.:	Der Mauerziegel – ein technisches Handbuch -, Hrsg.: Bundesverband der Deutschen Ziegelindustrie 1964
29	Hebgen, H.; Heck, F.:	Außenwandkonstruktionen mit optimalem Wärmeschutz, Bertelsmann Fachverlag, Düsseldorf 1973
30	Henn, W.:	Außenwände, Verlag Georg, D. W. Callwey, München 1975
31	Hoffmann, O.:	Flachgeneigte Ziegeldächer, Hrsg.: Bundesverband der Deutschen Ziegelindustrie e.V., Bonn, o.J.
32	Hofmann, G., Zipf, G.:	Das Ziegeldach, Hrsg.: Bundesverband der Deutschen Ziegelindustrie, Darmstadt 1966

33	Kräntzer, K.R., Wente, E.:	Auswirkung unterschiedlicher Haus- und Wohnformen auf die Gebäudekosten und Wohnungsbauten, Institut für Bauforschung e.V., Hannover 1972
34	Krause, C.:	Außenwandsysteme, Verlagsgesellschaft Rudolf Müller, Köln-Braunsfeld 1970
35	Löser, B.:	Deckenkonstruktionen im Wohnungsbau, Vom wirtschaftlichen Bauen, Verlag Oscar Laube, Dresden 1928
36	Masuch, E.:	Bautechnisches Taschenbuch, Ruhrländische Druckerei und Verlagsanstalt, Essen 1948
37	Meyer-Bohe, W.:	Dächer, Verlagsanstalt Alexander Koch GmbH, Stuttgart 1972
38	Mittag, M.:	Baukonstruktionslehre, C. Bertelsmann Verlag, Gütersloh 1952
39	Moritz, K.:	Flachdachhandbuch, Bauverlag GmbH, Wiesbaden – Berlin 1961
40	Muthesius, G.:	Luftschichtmauerwerk als Regenschutz, Sonderdruck aus "Das Baugewerbe" Nr. 11/55
41	Neufert, E.:	Bauentwurfslehre, Bertelsmann Fachverlag, Düsseldorf 1973
42	Reichel, W.:	YTONG-Handbuch, Bauverlag GmbH, Wiesbaden und Berlin 1970
43	Sautter, L.:	Das große ABC des Bauens, Bd. 1: Baustoffe, Bd. 2: Bauteile, Schlösser-Verlag, Braunschweig 1953
44	Sautter, L.:	Wärmeschutz und Feuchtigkeitsschutz im Hochbau, Verlagsgesellschaft mbH. Max Lipfert, Berlin 1948
45	Schmitt, H.:	Hochbaukonstruktion, 5. Auflage, Bertelsmann Fachverlag, Düsseldorf 1974
46	Schütz, F.R.:	Der Bimsbau – ein Handbuch für den Praktiker -, Hrsg.: Verein Rheinischer Bimsbaustoffwerke e.V., Neuwied/Rhein 1963
47	Schütze, W.:	Der schwimmende Zementestrich, Bauverlag GmbH, Wiesbaden 1957
48	Seidel, E.:	Deckenuntersuchungen in der Baumesse-Siedlung Leipzig, Vom wirtschaftlichen Bauen, Verlag Oscar Laube, Dresden 1934
49	Spruck, H.:	Nachträgliche Verbesserung des Schallschutzes von Wohnungstrennwänden, Mitteilungsblatt der Arbeitsgemeinschaft für zeitgemäßes Bauen e.V., Kiel, Nr. 103, Kiel 1968
50	Ständiger Ausschuß Miete und Familieneinkommen beim IVWSR:	Initialkosten und Folgekosten der Wohnung, Bd. I: Wirtschaftlicher Wärmeschutz, Hausdruckerei der SNHBM, Luxemburg 1976
51	Swyter, H.H.:	Hb1-Handbuch, rationeller Mauerwerksbau mit Hohlblock- und Vollsteinen, Hrsg.: Bundesverband Deutsche Beton- und Fertigteilindustrie e.V., Beton-Verlag, Düsseldorf 1969

52	Triebel, W.:	Institut für Bauforschung e.V., Hannover, Arbeiten und Ergebnisse 1948 - 1949
53	Triebel, W.:	Technische Entwicklung und Kostensenkung im Wohnungsbau, Berichte des Beirats für Bauforschung beim Bundesminister für Wohnungsbau, Heft 1, o.J.
54	Triebel, W.:	Beiträge zur Rationalisierung im Wohnungsbau, Berichte des Beirats für Wohnungsbau beim Bundesminister für Wohnungsbau, Heft 7 Franckh'sche Verlagshandlung Stuttgart 1952
55	Triebel, W.; Kräntzer, K. R.:	Kosten und Wirtschaftlichkeit von Dächern mit verschiedenen Neigungen, Institut für Bauforschung e.V., Hannover 1962
56	Triebel, W.; Braun, G.:	Massivdecken und Fußbodenbeläge im Wohnungsbau, Curt R. Vincentz-Verlag, Hannover, o.J.
57	von Halasz, R.:	Flachdachkonstruktionen (Dachdecken) in Massivbauweise, Hrsg.: Verband der Dachpappen-Industrie e.V., ABC der Dachpappe, Heft 5 Wiesbaden 1957
58	Walch, F.:	KS-Wandkonstruktionen – Detailsammlung -, Hrsg.: Kalksandstein-Information, Hannover 1976
59	Weiner, G.:	Schall- und Wärmeschutz von Decken und Wänden im Wohnungsbau, Deutscher Fachzeitschriften- und Fachbuch-Verlag, Stuttgart 1957
60	Weiss, A.:	Behandlung von Einzelfragen im Massivdecken-Wettbewerb, Vom wirtschaftlichen Bauen, Verlag Oscar Laube, Dresden 1932
61	Wendehorst, R.:	Bautechnische Zahlentafeln, B.G. Teubner-Verlagsgesellschaft, Stuttgart 1959
62	Zanke, W.:	Die Ziegelbauberatung – zweischaliges Ziegelverblendmauerwerk ohne Luftschicht -, Hrsg.: Fachverband Ziegelindustrie Niedersachsen. o.J.
63	Zanke, W.:	Die Ziegelbauberatung – einschaliges Ziegelsichtmauerwerk -, Hrsg.: Fachverband Ziegelindustrie Niedersachsen, o.J.
64	Zipf, E.:	Ziegelindustrie, Darmstadt 1966

Normen und Richtlinien

DIN 105	Mauerziegel (Backsteine), August 1922
DIN 105	Mauerziegel (Backsteine), Februar 1936
DIN 105	Mauerziegel (Vollziegel), Oktober 1941
DIN 105	Mauerziegel (Vollziegel und Lochziegel), Januar 1952
DIN 105	Mauerziegel Vollziegel und Lochziegel), März 1957
DIN 105	Mauerziegel Vollziegel und Lochziegel), Juli 1969
DIN 106	Kalksandsteine (Mauersteine), Januar 1927
DIN 106	Kalksandsteine (Mauersteine), Februar 1936
DIN 106	Kalksandsteine (Mauersteine), Oktober 1941
DIN 106	Kalksandsteine (Mauersteine), Oktober 1952
DIN 106	Bl. 1: Kalksandsteine Voll-, Loch- und Hohl-Blocksteine, Mai 1955
DIN 106	Bl. 1: Kalksandsteine Voll-, Loch- und Hohl-Blocksteine, Dez. 1962
DIN 106	Bl. 1: Kalksandsteine Voll-, Loch- und Hohl-Blocksteine, April 1969
DIN 399	Hüttenschwemmsteine, Dezember 1936
DIN 399	Hüttenschwemmsteine, Oktober 1941
DIN 400	Schlackensteine, Dezember 1936
DIN 400	Schlackensteine, Oktober 1946
DIN 1059	Zement-Schwemmsteine aus Bimskies, Juli 1931
DIN 1059	Zement-Schwemmsteine aus Bimskies, Mai 1937
DIN 1059	Schwemmsteine aus Naturbims, Oktober 1941
DIN 4106	Richtlinien für Mauerdicken der Wohnungsbauten und statisch ähnlicher Bauten (Mauern aus Vollsteinen, Februar 1937
DIN 4108	Wärmeschutz im Hochbau, Juli 1952
DIN 4108	Wärmeschutz im Hochbau, Mai 1960
DIN 4108	Wärmeschutz im Hochbau, August 1969
DIN 4108	Teil 4: Wärmeschutz im Hochbau, wärme- und feuchteschutztechnische Kennwerte, August 1981
DIN 4108	Teil 5: Wärmeschutz im Hochbau Berechnungsverfahren, August 1981
DIN 4151	Lochziegel für tragendes Mauerwerk, Februar 1941
DIN 4152	Hohlblocksteine und T-Steine aus Naturbimsbeton, März 1943
DIN 4153	Hohlblocksteine und T-Steine aus Hüttenbimsbeton oder aus Leichtbeton mit gleichwertigen porigen Zuschlagstoffen, März 1943
DIN 4154	Hohlblocksteine aus Schlackenbeton, März 1943
DIN 4155	Hohlblock- und T-Steine aus Ziegelsplittbeton, Oktober 1945
DIN 4161	Ziegelbetonsteine, Oktober 1945

DIN	4165	Wandbausteine aus dämpfgehärtetem Gasbeton und Schaumbeton, Februar 1959
DIN	18151	Gasbeton-Blocksteine, Dezember 1973
DIN	18151	Hohlblocksteine aus Leichtbeton, September 1952
DIN	18151	Hohlblocksteine aus Leichtbeton, November 1975
DIN	18152	Vollsteine aus Leichtbeton, September 1952
DIN	18152	Vollsteine aus Leichtbeton, Juli 1971
DIN	18153	Bl. 1: Hohlblocksteine und T-Hohlsteine aus Beton mit geschlossenem Gefüge, September 1968
DIN	18153	Hohlblocksteine und T-Hohlsteine aus Beton mit geschlossenem Gefüge, August 1972

Richtlinien für die Ausführung von Flachdächern,
Helmut Gros Fachverlag, Berlin 1973

Richtlinien für Dachdeckungen mit rollbaren bituminösen
Dachbahnen, Hrsg.: J. A. Braun, Stuttgart – Bad Cannstatt 1960

Printed by Libri Plureos GmbH
in Hamburg, Germany